老观念+新思想

这样育儿更轻松

薛亦男 编著

陕西新华出版传媒集团

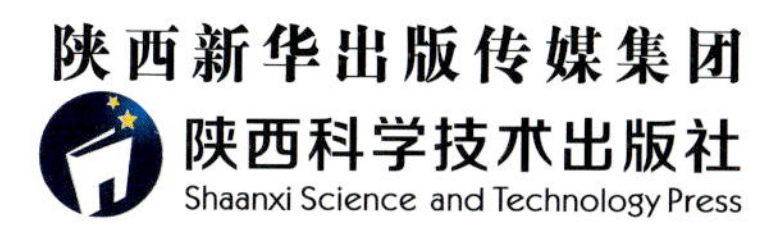

陕西科学技术出版社
Shaanxi Science and Technology Press

图书在版编目（CIP）数据

老观念+新思想，这样育儿更轻松 / 薛亦男编著．—西安 ：陕西科学技术出版社， 2017.7
ISBN 978-7-5369-6978-0

Ⅰ．①老… Ⅱ．①薛… Ⅲ．①婴幼儿—哺育—基本知识 Ⅳ．① TS976.31

中国版本图书馆 CIP 数据核字（2017）第 081904 号

老观念+新思想，这样育儿更轻松

LAO GUANNIAN+XIN SIXIANG, ZHEYANG YU' ER GENG QINGSONG

出 版 者	陕西新华出版传媒集团 陕西科学技术出版社 西安北大街 131 号 邮编 710003 电话（029）87211894 传真（029）87218236 http://www.snstp.com
发 行 者	陕西新华出版传媒集团 陕西科学技术出版社 电话（029）87212206 （029）87260001
文案统筹	深圳市金版文化发展股份有限公司
摄影摄像	深圳市金版文化发展股份有限公司
印 刷	深圳市雅佳图印刷有限公司
规 格	723mm×1020mm 16 开本
印 张	12
字 数	200 千字
版 次	2017 年 7 月第 1 版 2017 年 7 月第 1 次印刷
书 号	ISBN 978-7-5369-6978-0
定 价	36.80 元

前言

Preface

一朝分娩的痛楚过后，你终于和眼前的小人儿见面了，看着如此珍贵的他（她），不论是出于母性的本能，还是妈妈的责任，你想要给他（她）无微不至的照顾，远胜于这世间其他的任何事情。

但很快你就会发现，对育儿知识的缺乏和面对突发情况时的手足无措，让你陷入深深的困惑。于是，你开始在网络上大量地搜索育儿知识，但又担心没有权威性。咨询老一辈的“过来人”，又觉得观念太老旧。这时，你急需一本科学全面的育儿“圣经”给你贴心、细致的指导。

《老观念+新思想，这样育儿更轻松》的编写，旨在为新手妈妈解答各种育儿困惑。本书涵盖宝宝营养篇、日常护理篇、疾病防御篇和教育篇四个部分，依据宝宝的生长发育不同阶段作出相适应的建议指导。取传统观念之精华，结合新时代育儿思想，通俗易懂、针对性强。书中还配有活泼的插画，使阅读感受更舒适，专为0～3岁的宝宝推荐营养菜例，扫一扫二维码，妈妈可以跟着视频学做菜，让宝宝餐单变得丰富。终其目的就是为广大新手妈妈提供科学的知识解答，帮你实现轻松育儿的目标。

目录 Contents

Chapter 1 老观念＋新思想，给宝宝科学的喂养

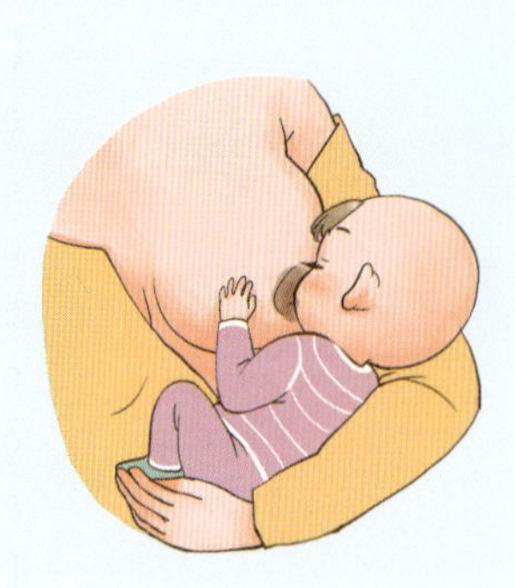

婴儿奶粉

Chapter 2 老观念 + 新思想，悉心呵护娇嫩宝宝

Chapter 3 老观念＋新思想，为宝宝构筑健康防火墙

114 小儿常见不适与疾病应对

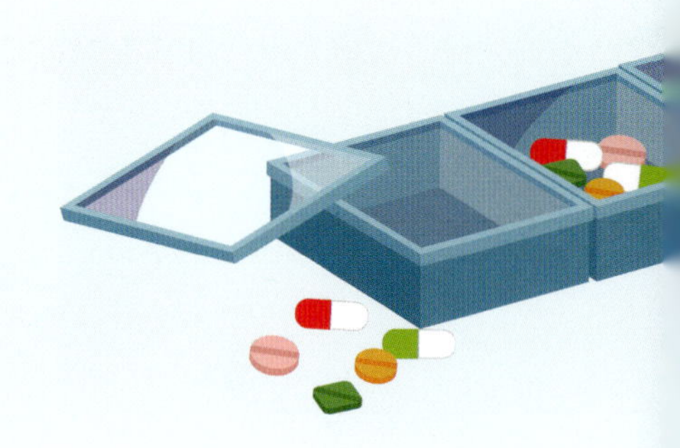

Chapter 4 老观念 + 新思想，给宝宝科学的启蒙教育

Chapter 1

老观念＋新思想，给宝宝科学的喂养

作为宝宝的营养师，身为妈妈的你是不是也曾纠结过到底是母乳喂养还是选择配方奶？怎样才能既兼顾宝宝的营养又能顺利添加辅食？这些问题在传统老观念和现代育儿新思想的较量中显得有些不知何去何从。其实，育儿本就没有一成不变的方法，只有根据宝宝的发育特点，进行科学的喂养才能让宝宝更健康地成长。

母乳与配方奶喂养

宝宝一出世就面临喂养方式的选择。一般来说，母乳是给每一个刚出生的小天使量身打造的最合适、最营养的食物，是喂养的首选。但不是每个宝宝都那么幸运，能够享受到完全的母乳喂养，母乳不足时就要适当添加一些配方奶粉。

老观念 好奶水养出好宝贝

亨利·雀巢曾经这样说过：“母乳永远都是婴儿头半年内最自然的食物，每位母亲都应当尽量用自己的乳汁哺喂她的宝宝。”一语道破母乳喂养的重要性。传统观念认为，妈妈奶越好，宝宝越健康。

● 坚持母乳喂养

母乳无菌、卫生、经济、方便，母乳喂养对宝宝和新妈妈来说都是一个很好的选择，如果没有特殊原因，新妈妈都应该坚持母乳喂养。

对宝宝来说，母乳中含有大量的牛磺酸，对宝宝大脑发育具有特殊作用；母乳温度、吸乳速度合适，能满足宝宝“口欲期”口腔的敏感需求；母乳喂养有利于宝宝牙齿、骨骼的生长；母亲哺乳时的怀抱形成了类似胎儿在子宫里的环境，让宝宝有一种安全感，能增进母子感情，使宝宝的身心健康成长。

对母亲来说，母乳喂养能使新妈妈从孕期状态向非孕期状态成功过渡，伴随吮吸而产生的催产素，可以促进子宫收缩，减少产后出血。

● 让宝宝多吮吸、勤吮吸

妈妈的奶水是越吸越多的，奶水越少，越要增加宝宝吮吸的次数，而不是相反。这个屡试不爽的催乳秘诀让无数新妈妈成功实现了母乳喂养。

由于宝宝吮吸的力量较大，正好可借助宝宝的嘴巴来按摩乳晕。而且宝宝的吸吮可以让新妈妈体内产生更多的催乳素，乳汁自然会越来越多。所以，妈妈要让宝宝多多吮吸，这样哺乳才会更加顺利，宝宝也会更加健康。

哺乳妈妈要注重营养

母乳是由母体的营养转化而成的，所以哺乳母亲应该食量充足，多吃营养丰富的食物。食物中蛋白质应该多一些。食物中还应该有足够的热量和水，较多的钙、铁、B族维生素等。此外，哺乳母亲不应偏食、挑食，否则影响母乳质量。新妈妈一定要根据个人乳汁分泌情况而适当加强营养。

新妈妈还可以多吃有利于下奶的食物及新鲜的蔬菜和水果，尤其要多喝易发奶的汤水，如鸡汤、猪蹄汤、鲫鱼汤等，都可以使奶水增多。如果乳汁明显不足，可适当选用食疗方法，如花生通草粥等。

哺乳妈妈要忌口

哺乳妈妈应当避免吃辣椒、花椒、咖啡、洋葱、大蒜及其他辛辣或刺激的食物，这些食物容易导致宝宝拉肚子或胀气。这是因为这些食物被母体的消化系统吸收，会改变母乳的味道和酸度。如果注意到某一食物使宝宝肠胃不适，就不要吃它。尽量避免饮用含咖啡因的饮料，否则会影响宝宝大脑发育。海鲜类易过敏的食物哺乳妈妈也要少吃，以免造成宝宝过敏。不要吃巧克力，因为巧克力里所含的可可碱会渗入母乳并在婴儿体内蓄积。可可碱能伤害神经系统和心脏，并使肌肉松弛，排尿量增加，还会使婴儿消化不良，睡眠不稳。

母乳不足时选择配方奶喂养

当新妈妈乳汁不足时，就要用其他代乳品，如配方奶，来补充新生儿的营养需求，进行混合喂养。那么，怎么能够判断母乳是真的不够呢？判断母乳量是否充足最简单的方法是：

· 婴儿体重正常增长。

· 每次吃奶时间不超过1小时，每侧乳房吮吸15~20分钟。

· 吃奶后不哭不闹或安静入睡，能坚持1小时以上。

· 大便每天1~4次，小便每天15次左右。

这4点中，最重要的是体重增长情况。不过，判断母乳是否充足和是否要添加配方奶，最好向医生咨询。

新思想 宝宝更需要科学的爱

与传统观念里笼统地提倡母乳喂养不同，新时代新思想下的哺乳方式多了一些科学的细节考量。如产后30分钟即可让宝宝吮吸乳汁、每次喂完奶要吸空乳房、配方奶喂养不应放弃母乳等。

产后30分钟即可开奶

世界卫生组织和联合国儿童基金会对纯母乳喂养的推荐定义为：在出生后半小时内让婴儿早接触、早吸吮母乳，除母乳外不添加任何食物和饮料（包括水）。由此可见，产后30分钟即可开奶。即使这时新妈妈没有奶可以让宝宝吸上几口，也能尽早建立催乳反射和排乳反射，促使乳汁早早到来。据临床对比观察，早吸吮比晚吸吮的泌乳状况要好得多。

母乳喂养前要清洁乳房

母乳喂养要保持乳房的清洁和干爽，这对宝宝和妈妈的健康都有利。不过，清洁乳房不可过度，因为生理母乳喂养过程是先接触到细菌再喂乳汁的有菌喂养过程。为了保持母乳喂养的生理有菌喂养过程，妈妈在母乳喂养前用温水毛巾擦洗乳房或常规洗澡即可。切不可使用含有消毒剂的湿纸巾擦洗乳房。生理母乳喂养过程能够促进孩子肠道正常菌群建立，不仅利于母乳的消化吸收，而且能够促进免疫系统成熟，预防过敏发生。

每次喂完奶要吸空乳房

新妈妈在哺乳的时候会发现一个神奇的现象：当一侧乳房被宝宝吸空之后，就能在下次哺乳时产生更多的乳汁；如果一次只吃掉乳房内一半的乳汁，那么下次乳房就会只分泌一半的乳汁。要想分泌充足的乳汁，可以尽量让一侧乳房先被吸空。如果宝宝吃完一侧的乳房后就饱了，新妈妈应该用手或者吸奶器将另一侧乳房的乳汁挤出来。这样可使乳房轮流被吸空，可保证乳汁充分分泌。

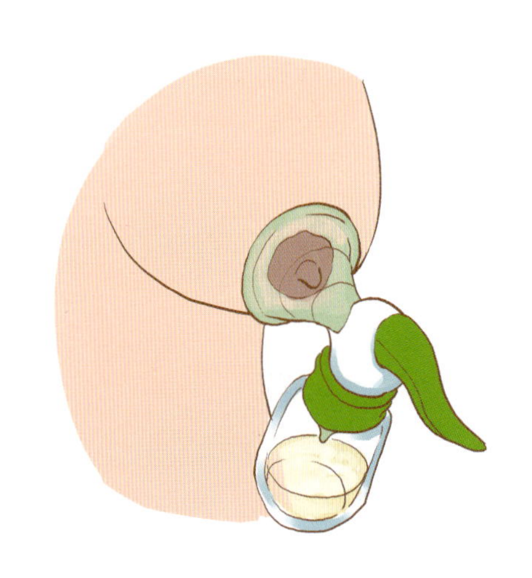

宝宝身体不适时更要坚持母乳喂养

母乳含有从母体而来的各种抗体，可以帮助宝宝对抗外界侵入体内的一些病毒及细菌，所以吃母乳的宝宝较吃奶粉的宝宝更具有抵抗力。但也并不是说吃母乳的宝宝就不会生病。母乳喂养的宝宝身体不适，更应该坚持母乳喂养，这样才能给宝宝最好的营养和呵护。宝宝喝着母乳，闻着妈妈熟悉的气味，待在妈妈温暖的怀抱中，才会更快地痊愈。因此，在宝宝出现常见的感冒、发烧、轻微腹泻等不适时，妈妈应该坚持耐心地多哺乳，让宝宝得到足够的营养和水分。但是，当婴儿拒奶伴呕吐时，应暂停母乳喂养12~24小时。

配方奶喂养不应放弃母乳

有些新妈妈由于母乳分泌不足或因其他原因不能完全母乳喂养时，可选择母乳和代乳品混合喂养的方式，但应注意妈妈不要因母乳不足而放弃母乳喂养，至少坚持母乳喂养宝宝6个月后再完全使用代乳品。

混合喂养最容易发生的情况就是放弃母乳喂养。新妈妈一定要坚持给宝宝喂奶，有的新妈妈奶下得比较晚，但随着产后身体的恢复，乳量可能会不断增加，如果放弃了，就等于放弃了宝宝吃母乳的希望。妈妈们还是要尽最大的努力用自己的乳汁哺育可爱的宝宝，毕竟只有母乳才是宝宝无可比拟的最佳食物，能够尽可能地满足宝宝的营养需要。

奶瓶喂养时妈妈应亲自哺喂

与直接吮吸妈妈乳头的宝宝相比，用奶瓶喂养的宝宝似乎得到的母爱就少一些，亲子间的关系也好像隔了一层，不像直接吮吸乳头时那样亲密无间。但是如果妈妈亲自拿着奶瓶喂宝宝喝奶，多少可以弥补这种遗憾，也能增加母子间交流和沟通的机会。宝宝躺在妈妈怀抱中，闻着妈妈熟悉的味道，会更安心，更有安全感，从而能够更好地进食。

观念PK 新老观念对对碰

虽然从古至今，人们都知道母乳喂养的好处很多，都很提倡母乳喂养，但是在一些具体做法上却有着不少分歧。比如，初乳到底是珍贵的东西还是没有什么用处？妈妈感冒了还能不能喂奶？以及母乳到底要喂多久？

初乳要挤掉PK不要浪费一滴初乳

老观念：产后7天内产生的初乳不是真正的奶水，营养价值不高，而且还不干净，不能给宝宝喝，要全部挤掉。等黄色的初乳挤掉之后产生白色的奶水时才能喂宝宝喝。

新思想：“初乳赛黄金”，宝宝要早接触、早开奶、早吮吸，提倡妈妈生产后马上让新生儿吸吮乳头，这样才可以将珍贵的初乳的每一滴都吸进肚子里。吃了全部初乳的宝宝，身体抵抗力要强于不吃初乳的宝宝。

专家观点

与成熟乳比较，初乳中富含抗体、蛋白质、较低的脂肪和宝宝所需要的各种酶类、碳水化合物等，这些都是其他任何食品无法提供的，对新生儿的消化吸收非常有利。更重要的是，初乳含有比成熟乳高得多的免疫因子，保证新生儿免受病原菌的侵袭。

母乳不足喝点鲜奶PK配方奶的营养更高

老观念：鲜牛奶跟人乳一样是纯天然的营养品，比经过人工加工制作的配方奶更有营养，在母乳不足的情况下，鲜奶是最佳的代替品。

新思想：配方奶营养更接近母乳，且配比均衡，专为不同月龄宝宝设计，在母乳不足的情况下，应该是作为宝宝口粮的首选。而牛奶则是全年龄的一种补充蛋白质和钙的饮料。

专家观点

鲜奶并不适合1岁以内的小宝宝喝，因为它的很多营养婴幼儿难以吸收。比如，鲜牛奶中的脂肪酸成分与母乳有明显差别，尤其缺乏婴儿生长必需的脂肪酸——亚油酸，不利于初生婴儿。而配方奶部分或全部用不饱和脂肪酸代替了饱和脂肪酸，更适合宝宝。

妈妈感冒后不要喂奶 PK 一点小病不应暂停哺乳

老观念：妈妈感冒了，病毒可能会通过乳汁传染给宝宝，所以一旦产后新妈妈不小心感冒了，就不要再喂宝宝喝母乳了。

新思想：感冒病毒不会通过乳汁传染给宝宝，妈妈感冒时不必暂停哺乳。不仅如此，新妈妈平时得了那些头疼脑热的小病也都是可以哺乳的。

专家观点

妈妈患感冒时不必停止哺乳。如果妈妈服用了一些可以在哺乳期吃的感冒药，依旧可以哺乳，不过为了宝宝的安全，最好在服药4小时后再哺乳。喂奶前妈妈要洗手，并戴上口罩，防止病毒传染。

母乳能喂多久喂多久 PK 适时给孩子断奶

老观念：母乳永远是宝宝最好、最合适的食物，如果妈妈有奶水的话，最好是能喂多久就喂多久。不要人为打断母乳喂养。

新思想：对新生宝宝而言，母乳确实是最佳食物；但宝宝到了 1 周岁左右，奶水中的营养已经不能满足宝宝生长发育的需求了，要适时给孩子断奶。

专家观点

母乳不能想喂多久就喂多久。因为在宝宝1周岁左右的时候，母乳量开始减少，质量也逐渐下降，不再能满足宝宝生长发育的需要，且长期进行哺乳也会影响到妈妈的身体健康。这时要适时地添加辅食，循序渐进地断掉母乳。

给小宝宝喂母乳就够了 PK 给宝宝补点营养剂

老观念：母乳能够满足宝宝全方位的营养需求，对于小月龄的宝宝来说，只给他（她）喝母乳就够了，不必额外添加营养素。

新思想：即便是纯母乳喂养的宝宝，最好也额外补充点营养剂。宝宝生长发育非常快，只喝母乳容易导致营养素的缺乏。

专家观点

可以根据宝宝的月龄和具体身体情况，决定是否需要添加一些特定的营养素。

专家课堂 母乳与配方奶喂养全攻略

不论是纯母乳喂养还是结合配方奶喂养，新妈妈都有必要掌握一些方法和技巧，来让宝宝的喂养事半功倍。比如，怎样的哺乳姿势最舒服？怎样给孩子选择合适的配方奶粉？母乳喂养和配方奶喂养各有什么注意事项？

坚持纯母乳喂养4~6个月

母乳是新妈妈给宝宝准备的最好的“粮食”。研究证明，母乳喂养的宝宝要比配方奶喂养的宝宝生病率低。母乳中有专门抵抗入侵病毒的免疫抗体，可以让6个月之前的宝宝有效防止麻疹、风疹等病毒的侵袭，以及预防哮喘之类的过敏性疾病等。母乳不仅为宝宝提供了充足的营养，也提供了亲子亲密接触的机会，并有益于宝宝的智力发育。

母乳喂养的新妈妈，产后恢复要快很多，因为宝宝的吮吸可以促进子宫的收缩，降低乳腺癌的发病率。

基于母乳喂养对宝宝和新妈妈的双重益处，我们提倡，至少坚持纯母乳喂养4~6个月。

掌握正确的哺乳方法

给宝宝喂奶的时候，一定要掌握正确的方法，让宝宝吃得好、吃得饱，健康地成长。

step 1　将乳头擦洗干净后要挤掉前面几滴奶，因为乳管前端的奶可能含有细菌。

step 2　搂抱宝宝入怀，哺乳母亲一手及前臂托住头颈部，使宝宝面向乳房，另一手的拇指向下，其余四指向上以托起乳房。

step 3　开始哺喂时，先用乳头去触及宝宝口唇及口部四周的皮肤，以诱发觅食反射。待新生儿口张开、舌向下的一瞬间，及时将乳头及乳晕送入其口中，让宝宝含住开始吮吸。这时哺乳妈妈再轻轻挤乳房，将乳汁挤入到宝宝的口腔中。哺乳时，要防止宝宝鼻孔被乳房堵住而影响呼吸。

step 4　宝宝停止吮吸后，轻轻地取出乳头。哺乳完毕后，要用软布擦洗乳头和乳房，挤出几滴乳汁擦抹乳头及乳晕，以保护皮肤。

选择舒服的哺乳姿势

摇篮式

妈妈坐在床上或椅子上，用一只手臂的肘关节内侧支撑住宝宝的头，让他（她）的腹部紧贴住妈妈的身体，用另一只手托着乳房，将乳头和大部分的乳晕送到宝宝口中。这是最常用的姿势。

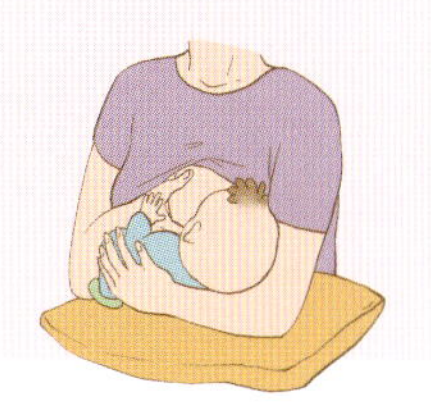

交叉摇篮式

交叉摇篮式和传统的摇篮式很像。当宝宝吮吸左侧乳房时，是躺在妈妈右胳膊上的。此时，妈妈的右手扶住宝宝的脖子，轻轻地托住宝宝，左手可以自由活动，帮助宝宝更好地吮吸。这个姿势适用于早产或者吃奶有困难的宝宝。

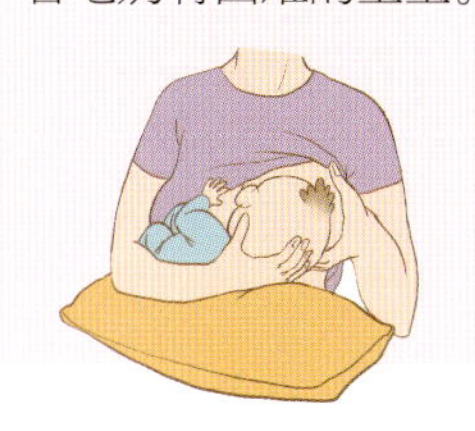

橄榄球式

让宝宝躺在一张较宽的椅子或者床上，将宝宝置于手臂下，头部靠近胸部，用前臂支撑宝宝的背，让颈和头枕在妈妈的手上。然后在宝宝头部下面垫上一个枕头，让宝宝的嘴能接触到乳头。这种姿势对剖宫产妈妈伤口恢复有利。

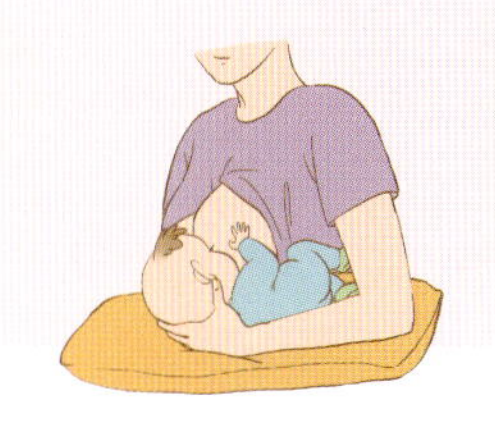

侧卧式

妈妈先侧躺，头枕在枕头上。然后让宝宝在面向妈妈的一方侧躺，让他（她）的嘴和妈妈的乳头成一直线，用手托着乳房，送到宝宝口中。这是剖宫产和侧切的妈妈最喜欢的一种姿势。

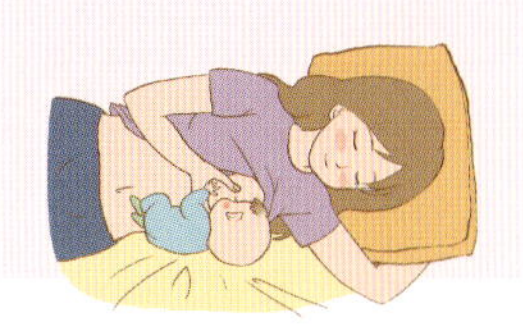

鞍马式

宝宝骑坐在妈妈的大腿上，面向妈妈，妈妈用一只手扶住宝宝，另一只手托住自己的乳房。这个姿势适合大一点的宝宝。

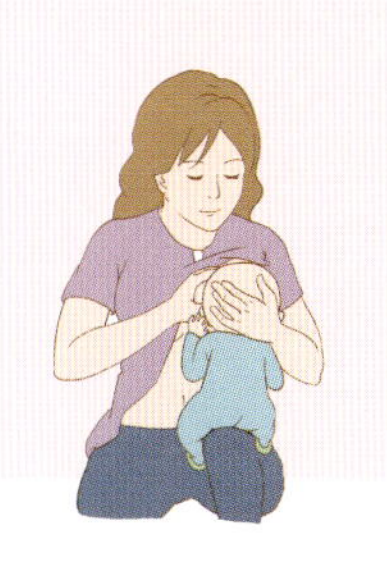

半卧式

妈妈取半卧位，一只手托住宝宝背部和臀部，另一只手帮助宝宝吃奶。乳房太大的妈妈可以采用这个姿势。

母乳喂养时可能出现的问题及应对

母乳喂养过程中可能出现很多问题，给喂养带来一定的难度，妈妈们要细心应对。

乳汁不足

宝宝吸吮越多，妈妈产生的奶水越多。妈妈奶水不足时，可以在一天之内坚持喂宝宝12次以上。如果有条件，安排几天时间，让宝宝不离开自己，一有机会就喂奶，这样坚持3天，奶水量会明显增多。喂完一边乳房，如果宝宝哭闹不停，不要急着给奶粉，而是换一边继续喂。一次喂奶可以让宝宝交替吮吸左右侧乳房数次。

哺乳疼痛

很多时候哺乳疼痛是喂奶姿势不当造成的。要想让宝宝放松，妈妈的身体首先要放松，自己舒服了再去抱宝宝。将宝宝调整到鼻尖对着妈妈乳头的位置，用乳头轻轻触碰宝宝的上唇或鼻尖，吸引宝宝张大嘴主动去吸吮乳房。如果妈妈因为乳头疼痛无法放松下来，除了可以尝试变换哺乳姿势来缓解疼痛外，更要把妈妈的休息和放松作为第一要务，不必急于成功哺乳。

奶水太多，怎么喂奶

有的妈妈奶水很多，宝宝吸吮的时候流得很“冲”。这时，妈妈在喂奶时，可以用自己的食指和中指做出剪刀状，在乳晕处轻轻地剪着就可以了，这样奶水就不会流得那么快，也不用担心宝宝被呛着。

不能用母乳喂养宝宝的情况

一般来说，有以下情况的哺乳母亲不宜进行或应暂停母乳喂养：

· 母亲患有严重的心脏病、肾脏病、重症贫血、恶性肿瘤时，为了避免病情加重，不宜用母乳喂养新生儿。

· 母亲患有传染病，如活动性肺结核、传染性肝炎等，为了避免传染给新生儿，应采取母婴隔离，而不宜进行母乳喂养。

· 母亲患有精神病、癫痫病，为了保护婴儿的健康和安全，不宜用母乳进行喂养。

· 哺乳母亲乳房患病，如严重的乳头皲裂、乳头糜烂脓肿、急性乳腺炎等，应暂停母乳喂养。

- 母亲患糖尿病病情较重，血糖控制不住及需要胰岛素治疗者，以及甲状腺功能亢进症患者服用抗甲状腺药时不宜给婴儿哺乳。
- 母亲轻微感冒时，应戴上口罩才可喂奶，以防止把病菌传给宝宝。如果感冒发热，

体温超过38.5℃时，应当停止给新生儿喂奶，待感冒痊愈后一段时间，再恢复喂奶。
- 艾滋病病毒感染的母亲，不宜哺乳。
- 过敏性疾病、梅毒感染者，不宜哺乳。

另外，如果宝宝患有某些疾病，如半乳糖血症、苯丙酮尿症等，要禁止母乳喂养。

关于人工喂养与混合喂养

虽说母乳是婴儿最佳的天然食品，然而并不是所有宝宝都那么幸运，能够享受纯母乳喂养，那些不能实现纯母乳喂养的妈妈只能采取其他喂养方式。

混合喂养

母乳量不足或因某些情况不能按时喂奶而采用配方奶粉来代替一部分母乳的喂养方法叫做混合喂养。混合喂养虽然不如母乳喂养好，但在一定程度上能保证母亲的乳房按时受到宝宝吸吮的刺激，从而维持乳汁的正常分泌，宝宝每天能吃到2~3次母乳，对宝宝的健康仍然有很多好处。

跟人工喂养相比，混合喂养可以保证你的乳房能够按时接受宝宝的吸吮刺激，维持一定量的母乳分泌。有的妈妈甚至能够在一段时间的混合喂养后，恢复纯母乳喂养。当然，在一些情况下，混合喂养会因为过早地添加配方奶，最终导致母乳喂养失败。有些宝宝还会在混合喂养的某个阶段出现乳头混淆，并可能因此拒绝吃奶瓶或者拒绝吃母乳。

人工喂养

新妈妈生病或某些特殊情况等原因，完全不能喂母乳时，用其他代乳品如牛奶、羊奶、奶粉等喂哺新生儿宝宝、婴儿，以满足小儿生长发育的需要，即为人工喂养，一般可选用配方奶粉。

选择适合孩子的配方奶粉

目前市场上出售的配方奶粉琳琅满目，妈妈们要根据孩子的实际情况——年龄和营养需求来选择。

配方奶粉一般根据婴幼儿年龄阶段的不同大致分为 3 类，即适合 0~6 个月较小婴儿的Ⅰ段配方奶，适合 6~12 个月较大婴儿的Ⅱ段配方奶，适合 1 岁以上幼儿的Ⅲ段配方奶。每个阶段的配方奶，其营养成分都会根据宝宝生长发育的需要做些相应的调整，因此，选购配方奶首先应根据宝宝年龄大小选择合适的阶段。

根据蛋白质结构，配方奶分为完整蛋白的普通配方，适于母乳不足的正常婴幼儿；部分水解配方，适于有过敏风险婴幼儿，预防过敏；深度水解配方适于治疗牛奶蛋白过敏引起的常见病症；氨基酸配方适于诊断和治疗牛奶蛋白过敏的婴幼儿。

根据脂肪结构，分为长链脂肪配方，即普通配方粉，适用于正常婴幼儿；中 / 长链配方，适于肠道功能不良，如慢性腹泻、肠道发育异常、肠道大手术后、早产儿等情况。

根据碳水化合物，分为全含乳糖的普通配方，适用于正常婴儿；部分乳糖，适用于肠胃功能不良时；无乳糖配方，适用于急性腹泻，特别是轮状病毒性胃肠炎，以及先天性乳糖不耐受者。

羊奶or牛奶？重点是适合宝宝体质

牛奶和羊奶在成为奶粉之前，都不能直接给婴儿吃。变成奶粉时，都在尽力模仿母乳成分，即使部分营养成分在羊奶中含量比牛奶高，在母乳化的过程中也被统一了。因而，羊奶粉和牛奶粉最大的区别，只是蛋白质来源不同。

成熟的母乳中乳清蛋白和酪蛋白的比例在60:40左右，羊奶和牛奶的比例分别在22:78和18:82左右。尽管羊奶中乳清蛋白的比例比牛奶略高，但还是与母乳相去甚远。要看蛋白质是否满足宝宝营养需求，还要看氨基酸模式是否也和母乳接近。而羊奶蛋白质的氨基酸模式与牛奶的很接近，却与母乳的有很大不同。因而，

羊奶并不优于牛奶。

至于羊奶粉不易导致婴儿蛋白质过敏，科学上还没有定论。如宝宝对牛奶蛋白质过敏，不要冒险用羊奶粉代替牛奶粉，可选择深度水解蛋白婴儿配方奶粉。由于个体的差异，每个宝宝的体质必然不同，选购奶粉时不可人云亦云，一定要根据宝宝的实际情况和健康需要选择合适的才是上策。

温馨提示：4个月内的婴儿不能吃羊奶粉

羊奶中叶酸含量较少，容易造成婴儿发生巨幼细胞性贫血。由于不满4个月的婴儿不能吃辅食，不能从食物中补充叶酸，因此，在给婴儿选奶粉时要特别慎重。羊奶中蛋白质、脂肪的分子量较大，且含有不宜消化的乳糖和乳酶，而婴儿的发育尚不完善，部分婴儿喝羊奶粉可能会引起腹泻、吐奶等症状。

奶瓶的挑选与清洗

奶瓶从制作材料上主要有两种——PC和玻璃。玻璃奶瓶更适合新生儿阶段，由妈妈拿着喂宝宝。形状最好选择圆形，因为新生儿时期，宝宝吃奶、喝水主要是靠妈妈喂，圆形奶瓶内颈平滑，里面的液体流动顺畅，适合新生儿使用。另外，奶瓶最好是透明的，且刻度清晰准确，这样便于掌握宝宝的奶量。

妈妈们要特别注意奶瓶的消毒和清洗。尤其在夏季，奶瓶每天要用沸水消毒一次，不要使用消毒液和洗碗液。消毒完一定要烘干或擦干，不要带水放置。有一些新妈妈给宝宝冲奶时，总是先倒点水涮一涮奶瓶，其实这样做并不好。如果奶瓶干爽清洁就没必要再涮；如果有灰尘或污渍，涮也涮不干净，必须重新清洁消毒。

配方奶的冲泡方法

一般情况下，配方奶的外包装上会印有冲调方法的说明文字。如，配方奶粉与水的比例，奶粉应是平平地、疏松地装入量匙中等。妈妈可以照着说明来做，冲调配方奶粉的步骤如下：

step 1　洗净双手，提前15分钟准备好调制奶粉所需的各种用具。

step 2　取消过毒的奶瓶、奶嘴，把50℃的温开水倒入奶瓶中至合适的刻度。将奶瓶拿到与眼睛平齐的高度进行检查，观察水量和需要调配的乳汁浓度是否合适。

step 3　打开奶粉罐，用奶粉罐中附带的量匙取出奶粉，每一量匙的奶粉以平匙为准，即匙中的奶粉既不要堆起来也不要刻意压紧。

step 4　将奶粉倒入已装好水的奶瓶中。

step 5　晃动奶瓶，让奶粉充分化开、溶解，不要有结块。注意，晃动奶瓶时不要太用力，以免里面起泡沫，使奶液溢出奶瓶外。

step 6　把奶粉罐的盖子封紧。

温馨提示：冲调奶粉的水温不宜过高

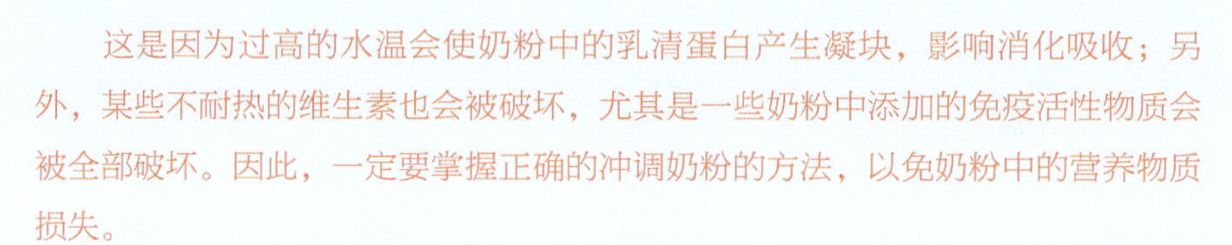

这是因为过高的水温会使奶粉中的乳清蛋白产生凝块，影响消化吸收；另外，某些不耐热的维生素也会被破坏，尤其是一些奶粉中添加的免疫活性物质会被全部破坏。因此，一定要掌握正确的冲调奶粉的方法，以免奶粉中的营养物质损失。

配方奶喂养注意事项

观察吃奶粉后的反应

妈妈需要随时观察宝宝吃完奶粉后的反应。如果宝宝出现一些不适症状，如长时间的便秘、腹泻，或者宝宝的大便中有白色颗粒或类似蛋花状的瓣状物，或出现腹胀、排气频

繁等消化不良的症状，这时候就要及时查找原因。除此之外，还要定期给宝宝称体重，看宝宝体重增长是否达标。

○ 不必拘泥于说明书

配方奶的包装上推荐的食用量只是作为参考的平均值。宝宝的食量有大有小，就是同一个宝宝，也会出现有时吃得多，有时吃得少的现象。如果宝宝的食量稍稍高于或低于推荐量，都没关系，通常 10％ ~20％内的差距不会带来太大影响。

○ 打开的奶粉 4 周内喝完

配方奶粉中含有很多活性物质，潮湿、污染、细菌等因素都会影响配方奶粉的质量，所以，打开的奶粉应尽量在 4 周内喝完，如果宝宝在 4 周内不能将一大罐奶粉饮用完，下次可以购买小罐的或者小包装的配方奶粉。

○ 别忘了喂水

母乳喂养时，不用特别给宝宝喂水，但是，对于配方奶喂养的宝宝来说，喂水是必不可少的。因为用配方奶粉喂养的宝宝由于奶粉比较燥热，容易引起上火、便秘等。妈妈可以在两次奶粉之间适当给宝宝喂一些水。

○ 混合喂养如何决定补奶量

新生儿采用混合喂养时，每次补奶应根据母乳缺少的程度来决定补奶量。一般先哺母乳后再喂奶粉，直到吃饱为止。试喂几次后，再观察宝宝喂乳后的反应，如无呕吐、大便正常、睡眠好、不哭闹，可以确定这就是每次该补充的奶量，但还要根据新生儿每天身体增长的情况，需要逐渐增加奶量。

● 适时给孩子断奶

当宝宝满 1 周岁以后，就可以考虑给宝宝断奶了，因为这个阶段的宝宝，辅食提供的热量已经达到其所需全部食物热量的 60％以上，具备给宝宝断母乳的条件。过早、过晚断奶都不好。

现在很多妈妈才喂了 6 个月，甚至 4 个月后就开始逐渐让宝宝断母乳，这其实很不利于宝宝的成长发育。而断奶过晚，母乳逐渐变得稀薄，即母乳的数量及所含的营养物质都逐渐减少，已不能满足宝宝生长发育的需要，而且宝宝越大，“心眼”越多，断奶很吃力。

断奶以春秋两季为佳，这是因为这两个季节，天气不冷不热，宝宝容易接受母乳之外的其他食物。如果遇到宝宝正在生病，可以适当推迟几天，待恢复健康后再考虑断奶。

营养与辅食添加

随着宝宝的逐渐长大，母乳和配方奶已经不能充分满足其成长需求了，此时，妈妈需要给他（她）逐渐断离母乳，并适时添加辅食。辅食的添加并非一蹴而就，而应让宝宝有一个逐渐适应的过程，并尽量多样化，为宝宝提供丰富的营养。

老观念 及时给宝宝添加辅食

母乳或配方奶只能满足新生儿和小月龄婴儿的营养需求，等宝宝长到一定的阶段，就需要及时给他（她）添加辅食了。尤其是在宝宝1岁之后，如果继续坚持母乳或配方奶喂养，势必会影响其身体健康，导致出现营养不良、消瘦、贫血、免疫力低下等状况。

从母乳逐步过渡到多种多样的食物

一般来说，母乳喂养的宝宝，从五六个月大开始，就可以给他（她）尝试吃辅食了，辅食的添加要由单一到多样，随着宝宝月龄的增加和乳牙萌出数量的增多，逐渐过渡到多种多样的食物，包括米粉、米糊、各种蔬菜泥和水果泥、肉糊和主食等。

循序渐进地给孩子喂食

为了适应宝宝的口腔发育能力，锻炼他（她）牙齿的咀嚼功效，辅食的添加一定要遵循循序渐进的原则，建议妈妈按照“液体辅食—泥、糊状辅食—固体辅食”的顺序进行添加，首先添加容易消化、水分较多的流食，然后添加浓米糊、菜泥、果泥、肉泥等，最后过渡到固体食物，如软饭、烂面条等。

给孩子的饮食要清淡、易消化

宝宝的肾脏和消化系统并不发达，因此，辅食应坚持清淡、易消化的原则，尽量少添加盐、糖等调味料。一般来说，半岁以内的宝宝辅食，不需添加任何调料，7 个月到 1 岁的宝宝辅食可加少许盐，1 岁以后给宝宝的饮食中，可加适量盐、醋、料酒等，以宝宝吃起来有味道为宜。

不要过早给宝宝成人饮食

成人的食物往往制作不够精细，宝宝不易吸收，而且成人的食物一般会添加较多的调味剂，会增加其消化系统的负担，不利于其身心健康。所以，不要过早地给宝宝吃成人食物，辣椒、酒等刺激性食品更要远离。

防止孩子营养不良

开始给宝宝添加辅食时，如果饮食安排不当，很可能引起婴幼儿营养不良、体弱多病，妈妈要特别注意。应让宝宝在逐渐适应辅食的过程中，尽可能摄取丰富多样的食物种类，并重点摄入营养价值高的食物，如鸡蛋、鱼肉、新鲜蔬果等，帮助宝宝获得全面的营养。

不纵容孩子偏食、挑食的坏习惯

在添加辅食的过程中，大多数宝宝可能会出现挑食、偏食等现象，此时妈妈不要纵容这些坏习惯，而是要及时纠正。可以通过改变食物的外观，将做好的食物添加适量可食用的装饰物或做好食材的荤素搭配等方式，引起宝宝吃辅食的兴趣，另外，爸爸妈妈的示范作用也可以让宝宝有兴趣尝试不爱吃的食物，减少偏食和挑食。

自己动手给孩子制作辅食

自己动手制作美味可口、营养满点的辅食给宝宝，是每一位妈妈的必修课。从食材的挑选、处理到加工成品，在这一过程中，不仅能帮助妈妈对宝宝辅食的卫生安全和营养成分进行把关，更体现着母亲满满的关爱和体贴，何乐而不为呢？

让孩子和爸爸妈妈一起吃饭

一般的宝宝从 7 个月大开始，就可以自己稳稳地坐着了，此时妈妈可以给他（她）准备专门的婴儿餐椅，并积极营造温馨的进餐氛围，让宝宝尝试着和爸爸妈妈一起吃饭，既能培养宝宝吃饭的兴趣，又能增进亲子交流，让感情升温。

构筑孩子合理的饮食结构

给宝宝断奶和添加辅食，是一个自然而然而又漫长的过程，从宝宝5个月大开始尝试第一口辅食，到他（她）逐渐能像大人一样自己吃饭，这期间，培养宝宝良好的饮食习惯，为他（她）构筑合理的饮食结构，关系到宝宝的健康成长，妈妈一定不能忽视哦。

断奶与辅食添加工作应同步进行

断奶和辅食添加是一同进行的，其中，辅食添加是断奶的准备工作，断奶是辅食添加的必要条件，二者缺一不可。在整个断奶的过程中，妈妈除了要循序渐进地给宝宝添加多种多样的辅食外，还应同时延长哺乳的间隔时间，减少喂奶的次数，并训练宝宝用奶瓶喝水、用勺子吃饭的习惯，逐渐减少他（她）对母乳的依赖，慢慢适应辅食的添加。

让孩子慢慢学着自己吃饭

从给宝宝添加辅食开始，随着其牙齿的逐渐发育和肠胃系统的完善，他（她）可以慢慢尝试吃更多种类的食物了。特别是在宝宝1岁之后，其身体的绝大部分营养都来自辅食，此时妈妈要培养他（她）自己动手吃饭的能力，无论是用汤匙还是用手抓，都不要制止和批评他（她），而应多鼓励，让宝宝体会到成就感，从而让孩子慢慢学着自己用餐具吃饭。

让孩子吃点儿粗粮

给宝宝准备的辅食，应做好粗细搭配，特别是富含膳食纤维的粗粮，能帮助宝宝消化，增强其肠胃蠕动，减少便秘等，可适量食用。不过，给孩子吃粗粮要讲究方法。粗粮不宜每天食用，开始时可以每周1~2次，每次10克左右，之后逐渐增至每周2~4次。另外，为了让粗粮更可口，也为了让宝宝更好地吸收，在粗粮的做法上要精细，比如将其磨成面粉、压成泥、熬成粥，或与其他食物混合加工等。

多给孩子吃蔬菜、水果

新鲜的蔬菜和水果中含有大量的维生素和矿物质、膳食纤维等，是孩子成长所必需的营养物质。为此，妈妈应根据宝宝自身的营养状况和身体的发育情况，给他（她）提供多种不同种类的蔬菜和水果，从而达到营养均衡的目的。

注重孩子营养素的补充

营养是宝宝生长发育的基础，从添加辅食开始，宝宝体内的营养主要来源于日常的食物，由于宝宝吃的大多是流质、半流质或糊状食物，品种单一，加之宝宝可能有偏食、挑食的不良饮食习惯，很难保证在日常食物中摄入足够而全面的营养素，因此，家长要注重给孩子补充营养素，包括钙、铁、锌及各种维生素等，最好在营养专家的指导下进行补充。

孩子吃好的同时也要适当活动

孩子不仅要吃得好，同时也要进行适当的活动，以保证体重正常增长，避免肥胖等疾病的发生。此外，适量活动也能增进宝宝的食欲，让宝宝更快地吸收食物中的营养物质，健康茁壮成长。在这一过程中，家长要起到督促和引导的作用，例如可以和宝宝一起玩耍，做做亲子游戏等。

单独加工制作宝宝的食物

相对于给宝宝吃的食物来说，大人的食材比较复杂，调味也较多，因此，建议妈妈单独加工制作宝宝的食物，在制作时，应使用专门的料理工具捣碎、过滤、磨碎宝宝的食物，这样既干净卫生，又方便宝宝吞咽。另外，妈妈还要掌握基本的辅食烹调技巧，根据宝宝的发育特点做出适合他（她）吃的辅食质地，保证宝宝可以吃到花样百变又营养美味的辅食。

观念PK 新老观念对对碰

在给宝宝进行辅食添加的过程中，新老观念层出不穷，无论是辅食的制作还是食材的选择、喂养的方式等，都有各自不同的说法和依据。那么，究竟哪些是有道理的，如何给宝宝科学的饮食照护呢？不妨听听专家怎么说。

给小宝宝吃点米粉就够了 PK 应给宝宝多种食物

老观念：婴儿米粉是根据宝宝生长发育的需要，采用优质大米精制而成，另加有乳粉、蛋黄粉、黄豆粉、植物油、蔗糖等，能满足宝宝的营养需求，所以，给宝宝吃点米粉就够了。

新思想：婴儿米粉过于单一，并不能满足宝宝的多种营养需求，给宝宝添加的辅食应尽可能种类丰富。

专家观点

给宝宝添加辅食，应按照“谷物（淀粉）—蔬菜—水果—动物性食物”的顺序添加，首先添加谷物，如婴儿米粉；其次添加蔬果汁或蔬果泥；最后再添加动物性食物，如蛋黄泥、鱼泥、肉泥等。

辅食还是自制的好 PK 可以适当选用加工辅食

老观念：妈妈亲手制作宝宝的辅食，可以选用多种多样的食材，有利于培养宝宝接受多样食物的习惯，不容易出现偏食的毛病。同时，食物的多样化符合宝宝对营养的需求，能使宝宝摄入的营养更全面。而且可以实现现做现吃，不用担心食物变质的问题。

新思想：市售的加工辅食是根据宝宝各时段的营养需求特别制定的，能有效防止宝宝出现营养不良，如在婴儿米粉中强化铁、锌、钙及维生素等，而且购买和哺喂宝宝省时省力，妈妈可以适当选用。

专家观点

对于有经验的妈妈来说，可以在家亲手制作宝宝的辅食，注意把握好食材的添加量；如果是没经验、没时间的妈妈，也可在营养专家的指导下适当选用加工辅食。

鸡蛋营养好可多喂宝宝吃 PK 宝宝 1 岁后才能吃鸡蛋

老观念: 鸡蛋是常见的营养食材，其蛋白质中的氨基酸和人体氨基酸的组成很相似，几乎可以被人体完全吸收和利用，可以多喂宝宝吃。

新思想: 宝宝不能过早吃鸡蛋，因为他（她）的肠道壁很薄，蛋白质分子容易穿透肠道壁进入血液，引起鸡蛋过敏。建议在宝宝 1 岁后再给他（她）吃鸡蛋。

专家观点

添加辅食的最初阶段，宝宝是不适合吃鸡蛋的，通常在7~9个月可以开始给宝宝添加蛋黄，先从1/4个开始。另外，8个月之前的宝宝最好不要吃蛋清。

用奶瓶给孩子喂辅食 PK 用汤匙给孩子喂辅食

老观念: 奶瓶是宝宝日常生活中熟悉的喂养工具，用奶瓶给孩子喂辅食，方便操作，哺喂也会更轻松。

新思想: 给孩子喂辅食，应使用小汤匙，一勺一勺地喂，让宝宝学会运用牙齿咀嚼和舌头吞咽。

专家观点

奶瓶喂养是通过吸吮而吞咽的过程，汤匙喂养是通过卷舌、咀嚼然后吞咽的过程。给宝宝喂辅食，应使用汤匙，锻炼宝宝的口腔发育能力，宝宝半岁以后可以用奶瓶训练他（她）喝水或奶的能力。

孩子多吃饭才能身体好 PK 孩子没吃饱就吃点零食

老观念: 孩子吃饭多，身体才能吸收更多的营养物质，长得又高又壮，身体健康，所以要给孩子多喂辅食，不要给他（她）吃零食。

新思想: 孩子如果不喜欢吃辅食，或者辅食吃得过少，可以给他（她）喂点零食补充体力，不一定要喂很多辅食。

专家观点

宝宝能吃丰富多样的辅食自然是好的，假如他（她）存在偏食、挑食的现象，妈妈要尽可能变换辅食的花样，另外也可以给他（她）在辅食之间喂点饼干、牛奶等零食。

给宝宝吃大人嚼碎的食物 PK 单独给宝宝做辅食

老观念： 宝宝的牙齿咀嚼能力差，喂他（她）吃辅食，可以用大人嚼碎的食物，有利于食物的消化和吸收，帮助宝宝健康成长。

新思想： 喂给宝宝的辅食，最好单独制作，可以选择丰富的食材，并根据宝宝的口腔发育情况制作不同质地的辅食，既有营养，又干净卫生。

专家观点

大人嚼碎了食物喂给孩子吃，容易将口腔中的细菌传染给宝宝，而且，嚼碎的食物没有经过宝宝唾液的参与，会加重其肠胃负担，对口腔发育也是不利的，建议单独给宝宝做辅食。

给宝宝尝点大人食物没关系 PK 宝宝只能吃辅食

老观念： 大人的食物等孩子长大了总要吃的，所以偶尔给宝宝尝点儿没关系，可以让他（她）提前品尝丰富多样的食物味道。

新思想： 宝宝的肠胃功能很弱，如果给他（她）吃大人的食物，会增加其消化负担，宝宝只能吃适合他（她）身体的辅食。

专家观点

不要急于给宝宝吃大人的食物，因为成人的消化道内有很多消化酶，而宝宝体内的这些酶往往还分泌不足或者活性不高，此外，大人的食物中常含有色素、香精等添加剂，会给宝宝造成不良影响。

给宝宝吃点盐更有力气 PK 宝宝 1 岁以后才能吃盐

老观念： 如果给宝宝的辅食过于清淡，没有盐作为调味料，难免会让他（她）觉得乏味，也会使宝宝的腿脚没有力气。

新思想： 宝宝 1 岁之前吃盐，会增加其肾脏负担，不利于身体健康，应在宝宝满 1 岁会后再吃盐。

专家观点

宝宝并非不能吃盐，毕竟，食盐中的碘对宝宝的智力发育起着重要的作用，但是给宝宝辅食添加的盐一定要少，尤其是在宝宝7个月之前，可以用极少量的盐调味。

用手抓食物不卫生 PK 鼓励宝宝用手抓食物

老观念：宝宝的手上有很多细菌滋生，如果用手抓食物吃，是非常不卫生的，家长应绝对制止。

新思想：妈妈应鼓励宝宝用手抓食物的好习惯，这会锻炼他（她）手指抓握的能力，有利于培养他（她）自己动手吃饭的能力。

专家观点

宝宝学习自己吃饭是一个必经的过程，尤其是在宝宝7个月之后，他（她）可以稳稳地坐着了，也喜欢用手抓食物往嘴里塞，此时妈妈不要批评或制止，应帮他（她）把手洗干净，并提供方便抓握的辅食给他（她）吃。

孩子大了自然就会吃饭 PK 宝宝 1 岁就要学着自己吃饭

老观念：孩子的成长是一个自然的过程，等他（她）长到一定的年龄段，自然就会自己吃饭了，家长不需要过多干涉。

新思想：宝宝从 1 岁开始，妈妈就要有意识地培养他（她）自己动手吃饭的能力，给他（她）养成良好的饮食习惯，对他（她）以后的发展也有好处。

专家观点

从宝宝7个月起，妈妈可以去母婴用品店给宝宝买专门的餐具，引导宝宝使用小汤匙，适度培养宝宝想自己吃的欲望，并固定吃饭的时间和地点，让宝宝养成良好的进餐习惯，慢慢学会自己吃饭。

宝宝吃得多长得壮 PK 少食多餐，自然哺喂

老观念：宝宝吃得越多，身体吸收的营养也会越多，自然会长得壮实又健康。因此，家长要多给宝宝喂饭，让宝宝茁壮成长。

新思想：哺喂宝宝应坚持少量多餐的饮食原则，采取自然哺喂法，不要强迫孩子一次吃太多食物，如此，才能让他（她）健康长大。

专家观点

给宝宝添加辅食应由少到多，由单一到多样，逐渐增加辅食的量，减少哺乳或喂奶的次数，不要一次给孩子吃很多，也不要强迫孩子进食，自然哺喂的宝宝方能健康成长。

专家课堂 科学喂养让宝宝茁壮成长

饮食营养是保证孩子健康成长的重要内容之一，只有坚持科学的喂养方法，才能给宝宝最好的饮食照护，让他（她）健康茁壮地长大，关于宝宝喂养的那些事儿，你都了解了吗？一起来看看下面的专家课堂吧！

0~3岁宝宝提倡分龄喂养

宝宝在不同的年龄段，口腔发育能力和乳牙的萌出状况有所不同，为此，专家建议0~3岁的宝宝采取分龄喂养的方式，有针对性地为宝宝提供适合其口腔发育特点和咀嚼能力的食物营养，以促进其身体的健康发育。

0~28天 母乳喂养是最好的方式。对于新生儿来说，母乳是最好的营养来源，若因特殊原因不能哺喂母乳，也可选择混合喂养或人工喂养。

1~2个月 依然坚持母乳喂养。宝宝满月后，进入迅速生长的阶段，此时母乳依然是他（她）饮食营养的主要来源。

2~4个月 宝宝吃奶不必拘泥于量的多少。宝宝长到2~4个月，无论是喂母乳还是配方奶，都不必拘泥于量的多少了，只需坚持按需喂奶即可。

5~6个月 可以尝试添加辅食了。从5个月开始，妈妈可以尝试给宝宝添加一点儿辅食了，让宝宝接受母乳外的新尝试。

7~8个月 辅食添加继续推进。随着宝宝乳牙数量的增多，此时妈妈可以给他（她）喂更多辅食，食物种类也可以丰富起来。

9~11个月 能吃的食物越来越多。宝宝长到9~11个月时，除了口腔能力的增强，手指也变得灵活起来，喜欢用手抓食物，也可以吃颗粒更大的辅食了。

12~18个月 宝宝开始学会自己吃饭。从宝宝1岁时起，妈妈就要为他（她）准备儿童专用餐具，培养他（她）自己动手吃饭的能力了。

18~36个月 培养良好的饮食习惯。随着宝宝越来越大，妈妈要引导他（她）养成良好的饮食习惯，为以后的生活奠定基础。

根据孩子的发育状况添加辅食

一般来说，从宝宝5个月开始，妈妈就要开始给他（她）添加辅食了，在彻底断奶之前，辅食的添加应与母乳喂养同步进行，并根据宝宝的发育状况逐渐缩小母乳的比例，增加辅食添加的次数、改变辅食的质地等，让宝宝爱上吃饭。

宝宝辅食添加指导

喂养阶段	吞咽期	蠕嚼期	细嚼期	咀嚼期	大口咬嚼期
参考月龄	5~6个月	7~8个月	9~11个月	12~18个月	18~36个月
各阶段宝宝的表现	能够自由地控制头部；能够坐起，并慢慢能坐稳；舌头只能前后运动；绝大部分宝宝尚未长牙	能够稳稳地坐着；舌头前后、上下都可以活动了；有的宝宝长出2颗下前牙	能扶着东西站起来；想用手大把抓东西；舌头可以前后、上下、左右活动；有的宝宝开始长出上前牙	开始蹒跚学步；嘴部肌肉发达；舌头能自由活动；1岁左右，上下颌前牙逐渐长齐	咀嚼能力显著增强，肠胃功能和消化酶的发育也更加成熟，开始向成人饮食过渡
每天辅食的添加次数	1~2次	2次	3次	3次	3次
米粥的形态	10倍粥	7倍粥	5倍粥	4倍粥	用牙齿能咬碎的软饭
食物形态	顺滑的流食或黏稠的泥糊状	半固体形态	用牙床能碾碎的硬度，如香蕉	成形的固体	略软于成人正常的硬度
辅食与奶的比例	20%辅食，80%母乳或配方奶	40%辅食，60%母乳或配方奶	70%辅食，30%母乳或配方奶	80%辅食，20%母乳或配方奶	90%辅食，10%母乳或配方奶

婴幼儿辅食添加的8大黄金法则

新手妈妈在了解到辅食的喂养方式后，还需要掌握辅食添加的原则，要知道，婴幼儿辅食添加是有很多学问的。下面介绍了几个黄金法则，帮助妈妈给宝贝科学的饮食照护，让宝宝既能吃得好，又能吃得对，用心守护宝贝成长过程中的点滴。

○ 留意宝宝发出的信号，添加辅食

给宝宝添加辅食的时间不能过早或过晚，一般从宝宝 5~6 个月就可以开始添加了，具体来说，可以留意宝宝发出的辅食添加的信号：

- 宝宝的体重达到出生时的 2 倍；
- 宝宝每天都会喝 1000 毫升以上的母乳或配方奶，喂奶次数达 8~10 次；
- 宝宝能扶着坐或靠着坐了，能控制头部的转动和上半身平衡；
- 当看见大人吃东西时，他（她）会表现得很有兴趣，并做出吞咽的模仿动作。

○ 辅食添加的顺序有讲究

辅食添加应该循序渐进，慢慢推进。从种类上来讲，应按照“谷物（淀粉）——蔬菜——水果——动物性食物”的顺序添加；从质地上来说，应按照“液体（如菜水、果汁等）——泥糊（如稀粥、菜泥、肉泥、鱼泥、蛋黄等）——固体（如烂面条、软饭、小馒头片等）”的顺序进行添加。

○ 从婴儿营养米粉开始添加

婴儿米粉营养丰富，能够为宝宝提供多种生长必需的营养素，相较于蛋黄、蔬菜泥等这类食物来说，发生过敏的概率也相对较低，更有利于宝宝的成长，是妈妈为宝宝添加辅食的首选食物。妈妈在给宝宝开始添加米粉时，应先添加单一种类、第一阶段的婴儿营养米粉，以便确定宝宝是否适合食用该米粉，并及时调整，以免造成宝宝无法接受，甚至消化不良。

○ 从一种到多种

妈妈在给宝宝添加辅食的初期，要按照宝宝的营养需求和自身的消化能力，按照从一种到多种的顺序，逐渐增加食物的种类，特别是当给宝宝添加从未吃过的新食物时，需先尝试一种，等到宝宝习惯后，再添加另外一种，且中间要有3~5天的间隔时间，以免引起不良反应。

○ 从细到粗

辅食颗粒的大小和质地，应随宝宝的口腔发育情况而进行调整，一般按照从细到粗的顺序推进。在辅食添加的初期，食物颗粒宜细小，口感要嫩滑，可以喂泥状食物，如蔬菜泥、果泥、鸡肉泥、猪肝泥等，到了宝宝快要长牙或正在长牙的后期，可以喂一些颗粒较大的食物，以锻炼宝宝的咀嚼能力。

○ 从稀到干

为了适应宝宝的肠胃消化系统和牙齿咀嚼功能，辅食的添加应按照从稀到干的顺序，一开始喂一些容易消化的、水分较多的流质食物、汤等，待宝宝适应后，再从半流质食物过渡到各种泥状食物，最后添加软饭、小块的果肉和蔬菜等半固体或固体的食物。

○ 由少到多

宝宝的胃容量很小，添加辅食的数量一定要由少到多，逐渐推进，让他（她）的肠胃有一个逐渐适应的过程，例如，一开始每天喂1次，每次喂一两勺，观察宝宝进食后的表现，如无大碍，再慢慢增加至每次三四勺，一天喂2次或3次等。

○ 不能断离母乳或配方奶

给宝宝添加辅食的同时，妈妈不能让他（她）完全断离母乳或配方奶，而应逐渐减少喂奶的量和次数，并做好和辅食的合理搭配，辅食和奶水究竟谁主谁次，通常根据宝宝的月龄和发育状况来定。

妈妈要知道，给宝宝添加辅食的目的是补充母乳或配方奶的营养不足，以满足宝宝迅速生长发育的营养需求，因此，除了上述8个基本原则外，妈妈还要根据孩子的营养状况及时调整喂养方式，保障宝宝的身心健康。

均衡营养，给孩子吃多种多样的食物

婴幼儿正值身体发育时期，辅食搭配应讲究营养均衡，给宝宝准备的辅食一定要多种多样，这样才能保证宝宝的营养补充更加全面。而且，让宝宝每种食物都摄入合理，不偏食某些特定的种类，也会给宝宝培养成一个良好的饮食习惯。

促进人体健康的营养素分布在各种各样的食物里，而这些人体所需的营养素不能从单一的一种食物里获取。不同食物的营养成分有所不同，食物品种选择太过单一，会造成营养摄入不均衡。婴幼儿生长发育所必需的营养素包含七大类：碳水化合物、矿物质、维生素、脂肪、蛋白质、纤维素、水。除母乳外，没有任何一种食物能提供给宝宝所需的全部营养素。所以，宝宝所需的营养素，必须从多样化的食物中摄取。爸爸妈妈应该多让宝宝尝试各种不同的食材，摄取不同营养素，以达到营养均衡。比如，在食材选择上，爸爸妈妈应进行多样化搭配，给宝宝用大米粥做辅食时，可适当地搭配其他粗粮；不光是辅食材料，在辅食类别的选择上爸爸妈妈也应注意保持均衡，比如，除了选择主食类辅食亦可选择碳水化合物类辅食。

给孩子吃优质的碳水化合物

食物中的碳水化合物，是宝宝生长发育必不可少的营养素。碳水化合物能为宝宝提供身体正常运作的大部分能量，促进其新陈代谢、驱动其肢体运动、维持大脑及神经系统正常的作用。特别是大脑的功能，完全靠血液中的碳水化合物氧化后产生的能量来支持。因此，爸爸妈妈可为宝宝选择一些含碳水化合物的优质食物，如：各种谷类食物（小麦、黑麦、大麦、全谷面包、糙米等）、各类淀粉含量丰富的食物（土豆、红薯等），以及各类蔬菜、各种水果等。

给孩子吃聪明的脂肪

脑黄金，即DHA，作为一种不饱和脂肪酸，属于脂肪。它是人脑细胞的主要组成成分，是构成脑磷脂、脑细胞膜的基础，对脑细胞的分裂、增殖、神经传导、突触的生长和发育起着极为重要的作用，是大脑形成和智商开发的必需物质，被称为益脑脂肪酸之王，是能使宝宝变聪明的脂肪酸。因此，在给宝宝制造的辅食时，应适当地添加一些含DHA的食物。如：蛋黄、三文鱼、藻类等。

特别提醒的是，在选择DHA时，爸爸妈妈们应注意鱼油中虽然含有DHA，但是也含有一种具有扩张血管、抑制凝血作用的长链不饱和脂肪酸——EPA，这种物质对老人有利，但对婴幼儿不利，有可能造成出血等问题。建议爸爸妈妈们勿选择鱼油类食物作为辅食添加物。

注重维生素和矿物质的补充

维生素在人体生长、代谢、发育过程中发挥着重要的作用。如：维生素A能促进机体生长发育，与维生素D结合可促进宝宝骨骼和牙齿的发育，并维持宝宝视力的正常功能。维生素B_1可以调节糖代谢，维持神经末梢的兴奋传导，增进宝宝的食欲和促进其生长发育。维生素能保护血管壁细胞，促进铁吸收，帮助宝宝抗御传染病，维持宝宝牙齿、骨骼的健康。维生素D能维持身体内钙、磷代谢，促使宝宝骨骼正常发育。因此，在给宝宝选择食物时，爸爸妈妈们应注重维生素的补充。

矿物质是构成人体组织和维持正常生理功能必需的各种元素的总称，是人体必需的营养素之一。例如：宝宝摄入适量的钙和磷，能促进宝宝骨骼和牙齿健康发展；摄入适量的锌，能增加宝宝机体的免疫活性；适量的碘能促进婴儿身高，体重、骨骼、肌肉的增长和发育等。因此，在给宝宝选择食物时，爸爸妈妈们应注重矿物质的补充。

金枪鱼、秋刀鱼等鱼类富含DHA，核桃、花生等干果类中含丰富的α－亚麻酸在体内也可以转化成DHA；动物肝脏、粗粮、牛奶、蛋类、藻类、西红柿、猕猴桃、橘子等食物都含有丰富的矿物质和维生素，可以适当为宝宝补充。

保证足够的蛋白质和膳食纤维

蛋白质是构成人体组织器官的支架和主要物质，在人体生命活动中，起着重要作用，可以说没有蛋白质就没有生命活动的存在。因此，在宝宝的辅食添加过程中，应添加适量的蛋白质类食物，如：瘦肉、豆类。但蛋白质不易消化，食用过多蛋白质容易引起肠道问题，如造成大便干燥、发硬从而便秘。而膳食纤维有促进肠蠕动、加快食物通过胃肠道的功能。所以，在给宝宝添加辅食时，为了避免使宝宝发生肠道问题，食物中不要全都是高蛋白的精细食品，应该适当添加膳食粗纤维，如：麦片、全麦粉、豆类、蔬菜和水果等，以此让宝宝对蛋白质和膳食纤维都有足够的吸收。

每天足量饮水、少喝饮料

长期给宝宝喝饮料会给宝宝的身体从各方面带来一定的危害。一些饮料含糖分较高，加上宝宝活动量又小，常喝此类饮料会导致脂肪堆积，增加宝宝肥胖风险。长期大量喝碳酸饮料可导致骨钙流失、骨质疏松等。此外，一些饮料（如可乐）中所含的磷酸对牙釉质具有一定腐蚀性，容易诱发龋齿，不利于宝宝牙齿的健康。而且，长期喝入碳酸饮料可能会增加血液中二氧化碳的含量，不利于营养素的转运。此外，饮料中所含的色素、香精、甜味剂等食品添加剂会转化为身体需要处理的废物，增加代谢负担。因此，应让宝宝少喝饮料。

其实，对于宝宝来说，最佳的饮品就是煮沸后自然冷却的白开水，具有独特的生物活性，对细胞的亲和力大，能迅速进入脱水的细胞内，因而促进新陈代谢，提高免疫力。因此，应让宝宝每天足量饮水，促使宝宝健康成长。

注重孩子口味的引导

食物吃进口中，人们就会感觉到它们的味道，并转化为体内的一种化学信号，使得各种消化酶开始分泌，并在胃肠道内消化吸收各种营养素。宝宝对味道的选择，早在妈妈怀孕时期就开始培养了，添加辅食之后，妈妈更要正确引导孩子的口味。

宝宝出生后，从纯母乳喂养，到初尝辅食的味道，这期间是影响孩子未来对食物选择

的一个重要阶段。首先，妈妈的饮食会直接影响母乳的味道，这也是婴儿今后能顺利接受自己家庭食物味道的基础。因此，妈妈除了不要吃过于辛辣刺激的食物外，饮食要尽量丰富多样，以增加婴儿对食物的接受度。

添加辅食以后，由于该阶段的宝宝味觉还未养成，肾脏排钠功能还不完善，消化系统也较弱，且宝宝平时喝的奶，吃的鱼泥、肉泥、蔬菜泥、水果泥等食品中都含有一定量的钠，足够满足他（她）的生理需要，所以，给宝宝的辅食中不应放任何糖、盐等调味料，而应坚持纯天然不添加，让孩子多多尝试食物最初的味道。

度过了最初的适应期，随着宝宝牙齿萌出数量的增多和口腔发育越来越成熟，他（她）能摄取的食物种类也越来越多，此时妈妈可以尝试让宝宝接触各种味道了。食物的味道不同，其营养素含量也不同，让宝宝尝试不同的味道可以增加营养成分的摄入种类，并提高实现均衡饮食的可能性。无论是在喂宝宝吃辅食时，还是在两餐之间，都可以反复让宝宝吃多种营养丰富的水果和蔬菜，还要把握时机在熟悉的食物中添加新口味，帮助他（她）适应新食物，这样做不仅能促进味觉发育，还有助于今后的进食。

对于已经有口味偏好的宝宝，妈妈要耐心纠正，比如慢慢减淡辅食的口味，或者把清淡的食物做得更有趣，让自家宝宝和其他宝宝一起吃，营造良好的进食环境等。

合理安排孩子的零食

孩子并非不能吃零食，但吃零食是有一定的讲究的。作为家长，有必要了解科学摄取零食的方法，合理安排好孩子的零食，如选择对宝宝成长有益的零食，并根据宝宝的月龄适当添加等，让宝宝的身心健康与零食一同成长！

控制宝宝吃零食的时间段

可以在每天早饭和午饭之间、午饭和晚饭之间给宝宝准备一点零食，如水果、奶制品、糕点等，注意量不要过多。另外，在饭前1小时内不宜让宝宝吃零食，尤其是甜食，以免增加孩子的饱腹感，减少吃饭的量。

○ 选择强化食品作为零食

爸爸妈妈在为孩子选择零食的时候，最好针对宝宝的生长发育情况，选择强化食品。例如，缺钙的宝宝可以选用钙质饼干、奶片等，缺铁的宝宝可以选择补铁饮料、红枣酸奶或者补血酥糖，不过，最好在医生的指导下进行选择，否则短时间内大量进食某种强化食品，可能会引起孩子中毒。

○ 把握好孩子吃零食的次数

一般来说，给孩子安排的每天吃零食的次数以 1~2 次为宜，吃得过多，会影响食欲；吃得过少，又不能满足孩子的需求。

一日零食安排表（范例）

时段	零食摄取原则	举例
早上	简单且少，补充少量能量较高的食品为宜	蛋糕、饼干、花生、栗子、核桃、枣子等
中午	以水果为主，可以在午睡后或做游戏后补充	橘子、香蕉、草莓、苹果等
晚上	不建议补充，尤其是睡前	可以喝一杯牛奶

● 让孩子爱上吃饭的诀窍

宝宝对辅食的接受能力存在一定的个体差异，从开始尝试第一口辅食起，到能够像大人一样一日三餐进食，让孩子爱上吃饭，绝不是一朝一夕的事情。尤其是随着宝宝的长大，“心眼”变多了，有了自己的小主意，执着于某种食物，比如糖，就会坚持到底，不让吃就哭闹等现象，或是挑食、偏食等等，都会让妈妈很困扰。但是，妈妈只要掌握一些小诀窍，发挥一下智慧，就能让自家的宝宝爱上吃饭哦！

○ 给宝宝准备喜爱的餐具

宝宝喜欢拥有属于自己的东西，妈妈可以带宝宝去母婴用品专卖店购买他（她）喜欢的餐具，无论是汤匙、筷子还是碗，在保证餐具易清洗、好抓握的前提下，尽量选择图案可爱、颜色鲜艳的，能唤起宝宝吃饭的兴趣，增强进食的欲望。

○ 做花样百变的辅食

富于变化的辅食能让宝宝保持对吃饭的新鲜感，增强宝宝的食欲。为此，妈妈可以尝试使用不同的食材给宝宝做辅食，也可以在烹调方法上变换一下，还可以采取花式摆盘等方式，让辅食看起来更美味。

○ 鼓励宝宝自己动手吃

对于挑食或偏食的宝宝来说，妈妈可以使用食物代换法给他（她）增加营养。也许宝宝只是暂时性不喜欢吃，在此期间，可以给宝宝喂营养成分相似的替代品，多给孩子一点儿耐心，过段时间后再尝试喂宝宝吃，说不定他（她）就爱吃了呢。

○ 使用食物代换法

大多数宝宝从 7 个月大开始，喜欢用手抓东西往嘴里塞了，1 岁之后，慢慢开始有了独立意识，此时妈妈可以鼓励宝宝自己拿汤匙吃饭，或者用手抓食物吃，这样不仅能满足他（她）的模仿欲和好奇心，也能让他（她）爱上吃饭。

○ 营造轻松的用餐氛围

轻松愉快的用餐氛围是保证宝宝安心吃饭的重要环境因素之一，妈妈要为宝宝营造一个干净、舒适的用餐环境，在宝宝进食的过程中多表扬和鼓励他（她），让他（她）体会到吃饭的快乐，增强吃饭的兴趣。

这些饮食禁区，家长需注意

不管是大人还是孩子，在饮食方面都有很多禁区，尤其是对于肠胃较为脆弱的宝宝来说，他（她）们初次接触各色各样的辅食，很容易发生消化不良、食物过敏等现象，家长一定要引起重视，为他（她）们把好饮食安全关。

留意过敏食物

刚开始添加辅食的阶段是宝宝食物过敏的高发期，妈妈在给宝宝添加辅食后，要细心观察宝宝食用后的反应，一旦出现腹泻、呕吐、皮疹等症状，一定要停止添加，并及时就诊。另外，适时了解并避开一些易引发过敏的食物，会省去很多不必要的麻烦。

易引发宝宝过敏的食材：鸡蛋清、牛奶、蜂蜜、花生、芒果、菠萝、海鲜、西红柿、猕猴桃、草莓等。

罐头制品要少吃

罐头类食品由于其加工过程的特殊性，往往会损失一部分食物中的维生素，并使蛋白质变性，再加上罐头食品添加剂过多，热量高，糖分（或盐分）高，而营养价值低，对人体健康极为不利，最好少吃或不吃。

禁吃五类食物

这五类食物包括过咸食物，含味精多的食物，含过氧化脂质的食物，含铅食物以及含铝的食物，它们都是对宝宝健康成长不利的食物，如果长期食用，势必会损害人体的大脑细胞，导致孩子的记忆力下降、反应迟钝，甚至患上小儿痴呆症。因此，在日常的饮食中，家长应监督孩子，禁吃这些食物，包括腊肉、熏鱼、爆米花、松花蛋、油条、油饼等。

○ 不给孩子滥用抗生素

孩子生病后，很多家长不管什么病因，都会给孩子使用抗生素治疗，殊不知，这会使孩子的肝肾受损，身体出现耐药性，破坏儿童免疫力，还会导致营养不良等一系列后果。通常来说，由细菌引起的咽喉炎、肺炎、泌尿道感染及支原体感染才需要使用抗生素，而由病毒引起的感冒、喉咙痛、急性支气管炎、腹泻等均不需要使用抗生素，建议家长听从医生的建议，不要盲目用药。

○ 少给孩子吃市售婴儿食品

如今，市售的婴儿食品良莠不齐，如果妈妈不会选购的话，最好能亲手制作宝宝的辅食，少给孩子吃市售食品。当然，有时候因为工作繁忙或其他原因必须要购买市售婴儿食品时，一定要仔细阅读包装上的说明文字，检查有效日期及包装情况，最好购买纯水果或纯蔬菜制作的，能减少精制淀粉的摄入量。尤其要注意不要购买那些标明有糖、盐、人工添加剂和咖啡因的食品。

避免孩子营养过剩

从宝宝初尝辅食开始，妈妈就要注意做好饮食的营养搭配，保证营养均衡，从婴幼儿期开始预防肥胖，避免孩子营养过剩。防止营养过剩要根据营养的多少来确定，而营养的多少要根据活动量的大小和身体的营养需求来决定，对于婴幼儿来说，妈妈应为他（她）提供适合的辅食种类和数量，并做好一日三餐的搭配，保证每天都有肉、菜、水果，养成科学的饮食习惯。

从小培养孩子良好的饮食习惯

良好的饮食习惯对孩子的饮食和身心健康大有裨益，从小培养，受益终生：

· 按时吃饭，一日三餐都要吃。

· 定量进餐，细嚼慢咽。

· 饭前洗手，饭后漱口。

· 规律饮食，忌暴饮暴食。

· 吃饭专心，不说话、不看电视、不看书等。

· 掌握必要的就餐礼仪，如不要挑拣菜、打喷嚏或咳嗽时用餐巾纸捂住嘴巴等。

4~6个月简单辅食

大米汤

营养功效 大米含有蛋白质、维生素、矿物质，用大米做汤，具有益气、润燥、助消化、增强免疫力等功效，适合刚刚添加辅食的宝宝食用。

原料

水发大米90克

烹饪技巧

使用平常锅熬制米汤时，要防止米汤往外溢和糊锅，当米粥煮至黏稠时，要用勺子不时搅拌。

做法

1 砂锅中注入适量清水烧开，倒入洗净的大米，搅拌均匀。

2 盖上盖，烧开后用小火煮20分钟，至米粒熟软。

3 揭盖，搅拌均匀。

4 将煮好的粥滤入碗中，待米汤稍微冷却后即可饮用。

菠菜米汤

营养功效 菠菜米汤含有蛋白质、维生素K、铁元素等营养物质，宝宝食用除了能益气养胃，还能补血。

原料

米浆300毫升，菠菜80克

烹饪技巧

事先用搅拌机将菠菜打烂后再与米浆混合，将菠菜渣滤出，这样口感更佳。

做法

1 锅中注水烧开，倒入洗净的菠菜，拌匀，焯煮一会儿至断生。

2 捞出焯好的菠菜，沥干水分，装盘备用。

3 趁热将锅内的汁液盛入米浆中，搅拌匀，待凉即可食用。

胡萝卜泥

营养功效　胡萝卜营养丰富，含有丰富的B族维生素，有提高宝宝抗病能力的作用。此外，胡萝卜还含有大量的胡萝卜素，对促进宝宝的生长发育也大有裨益。

原料

胡萝卜130克

烹饪技巧

搅拌前若蒸熟的胡萝卜水分较少，可以根据宝宝的情况加入少量温开水，调整浓度。

做法

1 将去皮洗净的胡萝卜切段，再对半切开，改切成片，装在蒸盘中，待用。

2 蒸锅上火烧开，放入蒸盘，再盖上锅盖，用中火蒸约15分钟至食材熟软。

3 关火后揭下锅盖，取出蒸好的胡萝卜，待用。

4 取来榨汁机，选择搅拌刀座组合，放入蒸熟的胡萝卜，盖上盖子，通电后选择“搅拌”功能，搅拌一会，制成胡萝卜泥。

5 断电后盛出搅拌好的食材，放在碗中即成。

西蓝花糊

扫扫二维码 轻松同步做美味

营养功效 西蓝花的维生素 C 含量特别丰富，此外，还含有胡萝卜素、B 族维生素、蔗糖、果糖及较丰富的钙、磷、铁等，可以增强婴幼儿的免疫力。

原料

西蓝花150克，配方奶粉8克，米粉60克

烹饪技巧

第一次添加西蓝花泥的宝宝可以从几片开始，根据月龄大小来调节用量。搅拌时要加入温开水，才可以打成泥。

做法

1. 汤锅中注入适量清水，用大火烧开，放入洗净的西蓝花，煮约2分钟至熟，把煮好的西蓝花捞出，放凉备用。
2. 将放凉的西蓝花切碎。
3. 选择榨汁机搅拌刀座组合，把西蓝花放入杯中，加入适量清水，盖上盖子，选择“搅拌”功能，榨取西蓝花汁，倒入碗中，待用。
4. 将西蓝花汁倒入汤锅中，倒入适量米粉，搅拌匀，放入适量奶粉，用勺子持续搅拌，用小火煮成米糊。
5. 将煮好的米糊盛出，装入碗中即成。

牛肉南瓜粥

营养功效 牛肉含有蛋白质、维生素 B_6、钙、磷、铁等营养成分，婴幼儿食用能补中益气、滋养脾胃、强健筋骨、增强免疫力。

原料

水发大米90克，去皮南瓜85克，牛肉45克

烹饪技巧

牛肉一定要煮熟煮透，否则宝宝嚼不动会影响消化。

做法

1 蒸锅上火烧开，放入洗好的南瓜、牛肉，盖上盖，用中火蒸约 15 分钟至其熟软。
2 揭盖，取出蒸好的材料，放凉待用。
3 将放凉的牛肉切片，改切成粒。
4 把放凉的南瓜切片，再切条形，改切成粒状，剁碎，备用。
5 砂锅中注入适量清水烧开，倒入洗好的大米，搅拌匀，盖上盖，烧开后用小火煮约 10 分钟。
6 揭开盖，倒入备好的牛肉、南瓜，拌匀，再盖上盖，用中小火煮约 20 分钟至所有食材熟透。
7 揭盖，搅拌几下，至粥浓稠。
8 关火后盛出煮好的粥，装入碗中即可。

鳕鱼粥

营养功效　鳕鱼含有不饱和脂肪酸、维生素A、维生素D、维生素E，还含有婴幼儿发育所需的多种氨基酸，而且极易消化吸收，有助于身体发育。

原料

鳕鱼肉120克，水发大米150克

调料

盐少许

烹饪技巧

鳕鱼蒸熟之后，要把刺剔除干净，这样宝宝吃才更放心、更安全。

做法

1. 蒸锅上火烧开，放入处理好的鳕鱼肉，盖上锅盖，用中火蒸约10分钟至鱼肉熟。
2. 揭开锅盖，取出鳕鱼肉，放凉待用。
3. 将鳕鱼肉置于案板上，压成泥状，备用。
4. 砂锅中注入适量清水烧开，倒入洗净的大米，搅拌均匀，盖上锅盖，烧开后用小火煮约30分钟至大米熟软。
5. 揭开锅盖，倒入鳕鱼肉，搅拌匀，加入少许盐，拌匀，略煮片刻至其入味。
6. 关火后盛出鳕鱼粥，装入碗中即可。

扫扫二维码 轻松同步做美味

鲜菇西红柿汤

营养功效 平菇嫩滑可口，含有蘑菇核糖酸、菌糖、甘露醇糖、氨基酸等，可以改善人体新陈代谢，增强体质，处于成长期的婴幼儿宜常食。

原料

玉米粒60克，青豆55克，西红柿90克，平菇50克，高汤200毫升，姜末少许

调料

水淀粉3毫升，盐2克，食用油适量

烹饪技巧

青豆和玉米粒可以切成碎末再放入锅中煮制，这样有助于宝宝消化吸收。

做法

1 将洗净的平菇切成丝，再切成粒。
2 洗好的西红柿对半切开，切成片，再切成丁。
3 用油起锅，倒入姜末爆香，倒入切好的平菇，翻炒匀，再下入洗好的青豆炒匀。
4 加入备好的玉米粒，炒匀，倒入适量高汤，放入适量盐，盖上盖子，用小火煮4分钟至食材熟透。
5 揭盖，倒入西红柿，拌匀煮沸，倒入适量水淀粉，拌匀，煮片刻。
6 将煮好的汤料盛出，装入碗中即可。

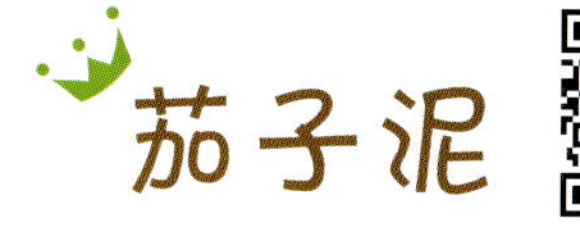

茄子泥

扫扫二维码 轻松同步做美味

营养功效 茄子含有丰富的膳食纤维，宝宝食用能预防便秘。此外，茄子还含有维生素P，对宝宝的血管起保护作用。

原料

茄子200克

调料

盐少许

烹饪技巧

妈妈可以根据宝宝的咀嚼能力决定茄子泥的软烂程度。

做法

1. 洗净的茄子切去头尾，去皮，再切段，改切成细条，待用。
2. 取一个蒸盘，放入切好的茄子，将蒸盘放入烧开的蒸锅中，盖上锅盖，烧开后用中火蒸约15分钟至其熟软。
3. 揭开锅盖，取出蒸盘，放凉待用。
4. 将茄条放在案板上，压成泥状，装入碗中，加入少许盐，搅拌均匀，至其入味。
5. 取一个小碗，盛入拌好的茄泥即可。

什锦蔬菜稀饭

营养功效 红薯含有丰富的食物纤维、胡萝卜素及钾、铁、铜、硒、钙等成分，能有效刺激肠道，促进消化，缓解宝宝便秘的现象。

原料

红薯85克，南瓜50克，胡萝卜40克，花生粉35克，软饭160克

烹饪技巧

煮制南瓜泥时，用锅勺轻轻搅动锅底，以免粘锅。

做法

1 将胡萝卜、红薯、南瓜洗净切好备用。

2 将装有南瓜和红薯的盘子放入烧开的蒸锅中，用中火蒸 15 分钟，揭盖，把蒸熟的南瓜和红薯取出。

3 把南瓜和红薯剁成泥状，装入盘中待用。

4 汤锅中注水烧开，倒入胡萝卜粒、软饭，煮至沸腾，盖上盖，用小火煮 20 分钟。

5 揭盖，搅拌一会，放入南瓜红薯泥，拌匀，煮至稀饭软烂，再倒入花生粉，拌煮一会。

6 起锅，把煮好的稀饭盛出，装入碗中即可。

鲜虾翡翠炒饭

营养功效 菠菜含有丰富的铁、钙、膳食纤维、维生素等营养物质，宝宝常食菠菜能补充钙质，还可防止缺铁性贫血。

原料

虾仁35克，鸡蛋1个，菠菜45克，软饭150克

调料

盐2克，鸡粉2克，水淀粉2克，食用油2毫升

烹饪技巧

炒制虾仁时，淋入少许柠檬汁，可使虾仁味道更加鲜嫩。

做法

1. 将鸡蛋打入碗中，打散，调匀。
2. 菠菜焯煮半分钟，捞出，切成段。
3. 虾仁除虾线，改切成丁，装入碗中，放入盐、鸡粉、水淀粉，抓匀，注入食用油，腌渍10分钟至入味。
4. 将菠菜、蛋液榨成菠菜蛋汁。
5. 将菠菜蛋汁倒入碗中，放入少许盐、鸡粉，拌匀。
6. 取一个干净的大碗，倒入软饭，倒入调好味的菠菜蛋汁，拌匀。
7. 用油起锅，倒入虾肉，翻炒松散至虾肉转色，倒入处理好的软饭，翻炒均匀，炒出香味，将锅中炒饭盛出，装入碗中即可。

蒸肉豆腐

营养功效 鸡胸肉含有较多的 B 族维生素、铁，可改善缺铁性贫血。此外，它还含有丰富的骨胶原蛋白，可以提高身体免疫力，保持身体健康，婴幼儿常吃对身体健康有利。

原料

鸡胸肉120克，豆腐100克，鸡蛋1个，葱末少许

调料

盐2克，生抽2毫升，生粉2克，食用油适量

烹饪技巧

蒸制此菜时，火候不能太大，以免食材过老，影响菜品口感。

做法

1. 豆腐剁成泥状；鸡胸肉切成丁；鸡蛋打散，调匀。
2. 借助搅拌机把鸡肉绞成肉泥，倒入盘中待用。
3. 把鸡肉泥倒入碗中，加入蛋液、葱末，拌匀，加入适量盐、生抽、生粉，搅拌均匀。
4. 将豆腐泥装入碗中，加少许盐，拌匀。
5. 取一个碗，抹上少许食用油，倒入豆腐泥，加入蛋液鸡肉泥，抹平。
6. 把碗放入烧开的蒸锅中，盖上盖，用中火蒸 10 分钟至熟，把蒸好的材料取出即可。

三色肝末

营养功效 此菜例中富含胡萝卜素、维生素 C、B 族维生素、钙、铁、镁等营养成分，宝宝适当食用能健胃消食、补血养血、增进食欲。

原料

猪肝100克，胡萝卜60克，西红柿45克，洋葱30克，菠菜35克

调料

盐、食用油各少许

烹饪技巧

煮猪肝时宜用中火，这样煮好的猪肝口感更佳。

做法

1. 洗好的洋葱切片，改切成粒，再剁碎。
2. 洗净去皮的胡萝卜切成薄片，改切成丝，再切成粒。
3. 洗好的西红柿切片，改切成条，再切丁，剁碎。
4. 洗净的菠菜切碎，待用。
5. 处理好的猪肝切片，剁碎，备用。
6. 锅中注入适量清水烧开，加入少许食用油、盐，倒入切好的胡萝卜、洋葱、西红柿，搅拌均匀，放入切好的猪肝，搅拌均匀至其熟透，撒上菠菜，搅匀，用大火略煮至熟。
7. 关火后盛出煮好的食材，装入碗中即可。

Chapter 2

老观念＋新思想，悉心呵护娇嫩宝宝

面对一个崭新的小人儿，外婆说绑腿的话以后腿更直，奶奶说给宝宝剃个“满月头”，这样有福气。而你不想引起争执默默地不认同着他们的观念。如何照顾宝宝的身体，呵护他（她）的睡眠？宝宝衣服怎么清洗？他（她）的居住环境有何讲究？其实，新老观念都有其对与错，来了解下宝宝到底需要怎样的呵护吧。

照顾宝宝的身体

和大多数新手妈妈一样，面对如此娇小的生命时，你是不是也有方寸顿失的感觉？宝宝怎么总是哭？宝宝从头到脚的护理该怎么做？外婆那套照顾小孩子的理论还适用吗？别急，你的困惑已经早早为你解决了，我们就一起来看看吧。

从头到脚呵护宝宝

如今这个小人儿躺在你怀里，满心欢喜之际，你又充满了怎样才能照顾好他（她）的担心。这时就急需一本“宝宝照顾大全”指导你正确照顾宝宝，下面就先看看老观念怎么说。

● 让宝宝“贴”在身上

很多爱哭宝宝的妈妈总结发现“只要我抱着宝宝，他（她）就会表现得很满足”。有研究表明：抱得越多的宝宝，行为表现和发展越好。通过背、抱的形式宝宝的身体“贴”在妈妈身上，让宝宝听到妈妈的心跳、闻着妈妈的味道，会给宝宝充足的安全感。新手妈妈可以选择一条喜欢的背巾，找到使宝宝和自己都舒适的姿势，“贴身”照顾宝宝。

● 不要捏宝宝的脸蛋

亲戚朋友往往会用捏宝宝脸蛋的行为表示对宝宝的喜爱，有的爸爸妈妈也会加入其中。殊不知，看似无伤大雅的捏脸动作背后也暗藏危险。专家指出，捏脸看上去只是一个小小的动作，对宝宝的潜在伤害却很大。长此以往，婴幼儿的腮腺和腮腺管一次又一次地受到挤伤，会造成宝宝频繁流口水、口腔黏膜炎等疾病。当下次再有手靠近宝宝的脸蛋时，请及时制止。

● 宝宝的囟门要小心保护

宝宝头顶有一块特殊的区域，无颅骨覆盖，只有一层头皮，摸上去软软的，这就是囟门。前囟门位于前顶，在宝宝出生后12~18个月闭合，后囟门位于枕上，在出生后2~4个月闭合。宝宝身体若出现疾病，囟门会有不同的信号表现。所以，新妈妈要格外保护好宝宝的囟门。囟门也会随宝宝的情绪出现波动，宝宝哭闹烦躁，囟门会稍微隆起，安静时就会正常。

新思想 宝宝不是“易碎品”

习惯了成人比例的新手妈妈，突然面对如此娇嫩的小手小脚，出于本能的母性会让自己尽可能地放轻、放慢所有动作，有的妈妈会因此变得很紧张，一丁点的状况都会让自己神经紧绷，其实别看宝宝很小，他（她）也有自我保护的能力，并不是“易碎品”，新手妈妈不必太过紧张。

● 新生宝宝需要洗澡

新生宝宝的第一次洗澡，往往由助产士或者护士来用干净、温暖的毛巾将宝宝擦干就算完成了。等到新手妈妈身体恢复，在充分熟练掌握给宝宝洗澡的技巧之后，坚持洗澡对宝宝来说是一种锻炼，宝宝下到水里慢慢就掌握了平衡，还能增加免疫力，因此应该每天给宝宝洗个澡。

● 小宝宝也要刷牙

当宝宝的第一颗乳牙萌出时就要开始对宝宝的牙齿进行呵护了，因为唾液中的蛋白酶再分解食物时会留下很多细菌，如果不及时清理容易导致龋齿现象的发生。新手妈妈可以用医用纱布蘸些水，在宝宝的牙齿上来回擦拭，尤其是喝完奶或者吃完辅食之后。

● 抚触按摩有助于宝宝健康成长

按摩，很久以来都是成人才能享受的，但研究表明，宝宝通过和妈妈亲密的按摩接触，不仅能促进宝宝的健康发育、提高睡眠质量、增加饮食，还能增进母子间的情感交流，为宝宝的健康成长营造一种温馨的氛围。适当条件下，手法轻柔的抚触按摩有利于宝宝健康，但时间不宜过长，当出现宝宝不配合时，应立即停止。

● 宝宝也需要防晒

虽说，阳光是宝宝健康成长的催化剂，经常晒太阳可以让宝宝获取更多的维生素D。但宝宝的皮肤发育还不健全，而户外活动时间又是成人的3倍，如果这段时间缺乏防晒保护，便会透支“阳光本钱”。长时间暴晒在烈日下且没有防晒措施，会导致日光性皮炎、多行性日光疹等皮肤病的发生。出门晒太阳，妈妈一定要做好宝宝的防晒功课。

新老观念对对碰

外婆的加入让新手妈妈感觉抓住了“救命稻草”，相比新手妈妈的措手不及，作为过来人的外婆，照顾起宝宝来总有一种气定神闲的气场。但时间久了就会发现，新手妈妈和外婆“经验妈妈”的带宝宝理念、思想并不一样。到底该听谁的？怎么样才是对的？听听专家怎么说吧。

绑腿可以让宝宝腿更直 PK 小宝宝不需要绑腿

老观念： 孩子一生下来，就把两腿拉直然后用布带捆好，这样就可以预防O型或X型腿，宝宝的腿就会长直。

新思想： 宝宝的腿部有一些弯度，这是一种正常的生理弯度，不影响宝宝正常发育。

专家观点

宝宝不需要进行绑腿。如果强行对宝宝进行绑腿不仅不能让宝宝腿长直，还会影响血液流通，让宝宝的肢体发育受到阻碍。预防O型或是X型腿，关键是预防缺钙。

宝宝要剃“满月头” PK 宝宝皮肤嫩不能随便剃

老观念： 宝宝满月要剃个“满月头”，即把胎毛甚至眉毛全部剃光。他们认为这样做，将来孩子的头发、眉毛会长得黑密、漂亮。

新思想： 宝宝理发一般都用剃和刮，但是宝宝皮肤薄、嫩、抵抗力弱，如果宝宝理发时哭闹更容易受伤，所以不能随便剃。

专家观点

宝宝的头发长得好不好与孩子的生长发育、营养状况及遗传等因素有关。宝宝的皮肤还太娇嫩，而且满月时囟门还没有愈合，这时选择给宝宝剃头并不是最好的时机。

满月宝宝才需要剪指甲PK宝宝指甲长了就得剪

老观念：老一辈的说法里，没有满月的宝宝不能剪指甲，因为这样会“伤元气”。

新思想：宝宝指甲太长会抓伤自己，还会隐藏细菌，指甲长了就得剪，不用等到满月。

专家观点

宝宝手部协调能力较弱，指甲长了容易抓伤自己，宝宝又有吸吮手指和用手直接拿东西吃的习惯，长指甲容易藏污纳垢，手指甲缝里的脏东西吸进嘴里后，容易引起消化道疾病和寄生虫病，影响宝贝的身体健康，所以给宝宝勤剪指甲非常必要。

宝宝耳朵不能随便掏PK宝宝耳垢需定期清理

老观念：老话说：耳朵越掏越聋。宝宝乱动不注意会伤到耳膜，很危险，还不如等耳垢长满了自己掉出来。

新思想：过多的耳垢积在耳道里会把耳朵堵住，也就塞住了声音传播的渠道，会影响宝宝的听力，所以要定期清理耳垢。

专家观点

宝宝的耳道又小又深，一不注意就会受到伤害。在靠近耳道口的皮肤上还分布很多皮脂腺和毛塞，经常掏耳朵极易损伤外耳道皮肤引发感染，当发现有异味应尽早去医院就诊。但并不是不掏耳朵，只是不要形成频繁的挖耳习惯。

宝宝的鼻屎会自己出来PK鼻涕多时可用吸鼻器

老观念：鼻屎太多会自己掉出来，吸鼻器太不安全会戳伤宝宝。

新思想：给宝宝掏鼻涕太麻烦，又易伤到宝宝娇嫩的鼻腔黏膜，不如吸鼻器来的好。

专家观点

如果任由鼻屎进一步扩大，甚至阻塞鼻道，会影响宝宝的呼吸。吸鼻器会对鼻黏膜产生负压刺激，会加重鼻黏膜肿胀和刺激分泌物产生增多。可以将细棉签浸满橄榄油涂在鼻腔内，不仅可以保护鼻黏膜，还可以治愈鼻塞。

尿布透气性好PK纸尿裤比尿布方便

老观念：尿布透气性好不会让宝宝有红屁股，重复利用经济实惠。

新思想：纸尿裤使用方便、安全卫生、不用花费时间去清洗。

专家观点

尿布与纸尿裤的优缺点显而易见。对于新生宝宝来说，尿布透气性更好，对宝宝的皮肤刺激性更小，只是更换频繁。纸尿裤比较方便，也更卫生，但价格较高，新手妈妈可以根据具体情况来选择，白天在家可以多用尿布，如果出远门则可以选择纸尿裤。

让宝宝吃手吧PK给宝宝用安抚奶嘴

老观念：老人总说“一手二两蜜吃完就不吃了”，等宝宝大一点就不吃了。

新思想：吃手会有很多细菌，还是让宝宝吃安抚奶嘴好些。

专家观点

宝宝吸吮手指是自我安慰的表现，属于正常现象。新手妈妈不必过于担心，为了减少细菌的侵入应选择清水冲洗或是干净的湿毛巾清洁宝宝的双手，消毒纸巾会导致宝宝误食消毒剂。安抚奶嘴也是可以选择的，并不会对宝宝的牙齿发育造成影响，新手妈妈不用过于纠结，但应该在宝宝1岁前戒掉吸吮奶嘴的习惯。

爱宝宝多亲宝宝PK大人嘴里有细菌亲孩子不卫生

老观念：爱宝宝就是要多亲他（她），他（她）才能感受到妈妈的爱。每次亲宝宝他（她）也会表现出很高兴的样子。

新思想：宝宝还太小没有足够的抵抗力，大人的亲吻会传染给宝宝很多细菌，一点都不卫生，所以爱他（她）就不要亲他（她）。

专家观点

抱宝宝、亲宝宝都是表达喜爱之情的方式，这些肢体接触也会让宝宝感受到爱意，同时也会带来细菌。当新手妈妈还擦着口红或者患有流行性疾病、口腔疾病时就别亲吻宝宝了，为了他（她）的健康，请克制。

专家课堂 关注宝宝的每一个细节

在新手妈妈的眼中，宝宝从头到脚的每个地方都是珍贵的，都是精心呵护的对象。面对宝宝的护理工作，还没太多经验的新手妈妈常常被搞得手忙脚乱。但宝宝的日常护理又关系到宝宝生活的各个方面，那么要关注宝宝的每个细节，具体怎么做呢？一起来看看吧。

给新生儿的特别护理

刚刚出生的宝宝并没有想象的那么漂亮，全身长满皱纹甚至眼睛还没睁开，面对新生命，新手妈妈或许会有些紧张，宝宝的眼睛、皮肤、脐带、耳鼻等等又该如何护理呢？这里就为新手妈妈介绍新生儿的护理技巧。

皮肤的护理

新生儿皮肤娇嫩需要保留所有的天然油脂，所以6个星期前只能选择水洗，并不需要沐浴乳之类的辅助。需认真擦洗宝宝身上的褶皱并彻底擦干，潮湿的褶皱会导致发炎，而且绝对不要给这么小的宝宝使用爽身粉。

眼睛的护理

给新生儿清洗眼部时，需要先把几个棉球在湿水里沾湿，再挤干水分，擦每一只闭上的眼睛的时候都要换一个新的棉球，从内眼角向外眼角擦。

耳鼻的护理

鼻子和耳朵是具有自净功能的器官，所以新手妈妈不要试图往里面塞什么东西或者以任何方式干扰它们。往鼻孔里或者耳朵里塞棉球大小的东西只会把原来就在那儿的东西推到更往里的位置去。让里面的东西自然掉出来的办法要好得多。

肚脐的护理

婴儿一出生脐带就会被夹住并立刻剪断，只留下5~8厘米的根部。过几天，脐带就干枯了，然后它会脱落。妈妈可以每天用0.2%~0.5%聚乙烯醇醚络碘溶液轻擦脐带部位，然后用消毒纱布盖好。尽量多让这一部位通风，因为这样有助于加速收缩和痊愈。有异常的情况出现，要及时请教医生。

正确抱宝宝

当你面对挥动着小手小脚的宝宝时，好想把他（她）抱起来让他（她）更近距离地感受你的爱意，但却发现无从下手。我们在抱宝宝时既要注意保护好他（她）的安全，还要让他（她）觉得舒服有安全感。

手托法

用左手托住宝宝的背、颈、头，右手托住他（她）的小屁股和腰。这一方法多用于把宝宝从床上抱起和放下。

腕抱法

将宝宝的头放在左臂弯里，肘部护着宝宝的头，左腕和左手护背和腰部，右小臂从宝宝身上伸过护着宝宝的腿部，右手托着宝宝的屁股和腰部。这一方法是常用的姿势。

久抱新生儿宝宝，会让他（她）的身体更容易受到伤害，也会影响他（她）的睡眠，因此不提倡新生儿久抱。1~2 月的宝宝，颈肌还没有完全发育，颈部肌肉无力，不提倡竖着抱宝宝。

尿布的选择与更换

尿布与宝宝的臀部亲密接触，对于尿布的选择妈妈们要留心，合理地更换尿布也是妈妈们需要掌握的一门技术。

尿布的选择

尿布以纯棉质地颜色素净为宜。纯棉质地的尿布透水性和吸湿性均优于化纤织品，而且柔软舒适，便于洗晒，很适合宝宝使用。旧棉布、床单、衣服都是很好的备选材料。

更换尿布

尿布的更换时间没有固定的时间限定，宝宝小便之后就要更换，以免湿湿的会引发尿布疹，大便后就更应该换掉，否则大便里的细菌会刺激宝宝的皮肤。

温馨提示:

新的尿布，一定要先煮洗过，去掉硬浆后再使用。尿布可以折成长方形或者三角形，但不宜太厚或过长，以免长时间夹在腿间造成下肢变形，也容易引起感染。

精心呵护宝宝的臀部

宝宝娇嫩的肌肤需要妈妈的精心呵护，尤其是宝宝的臀部，经常接触到排泄物，稍不注意就会出现“红屁股”。下面就来看看如何正确护理宝宝的臀部，让宝宝远离“红屁股”。

精心呵护宝宝的臀部

宝宝的皮肤娇嫩尤其是臀部，需要精心呵护。勤换尿布，减少宝宝肌肤与脏的湿尿布的接触时间。选择适当的清洗方式，尽量避免刺激成分的清洁剂以免加重病情。

宝宝红屁股的处理方式

当出现红屁股时，勤清洗宝宝臀部、勤更换尿布都可以缓解红屁股症状，适当地擦一些药膏起到隔离的作用也是不错的。

温馨提示：

当清洗宝宝臀部时，要控制水温避免过烫造成灼伤。洗完一定擦干，干燥的皮肤才不会诱发湿疹的出现。

保护好宝宝的眼睛

每个妈妈都希望宝宝拥有一双明亮的眼睛，水汪汪的好像会说话。但宝宝的视觉系统发育是一个循序渐进的过程，整个发育期都需要精心呵护宝宝的眼睛，当视觉系统发育还不完善时，极易受到外界的干扰，稍不注意就会影响以后的视力，那么怎样保护好宝宝的眼睛呢？具体方法如下：

○ 避免眼睛受到强光的直射

因为在妈妈的肚子里，宝宝的眼睛是看到一片黑暗，刚来到这个世界，需要对这个世界的光亮有一段适应过程。因此，宝宝在房间里要避免房间灯光太亮，也不要抱着宝宝站在灯下，因为宝宝如果直接仰视灯光很容易受到刺激。还有带宝宝出去也要避免阳光直射，最好是等宝宝适应了亮光之后再考虑带出去，带出去玩最好有个东西挡着阳光，避免直射伤害视网膜。

○ 注意眼睛卫生，防止交叉感染

平时给宝宝洗脸要用专门的脸盆和毛巾，防止其他脸盆细菌交叉感染。而且洗脸要先洗眼睛，如果眼睛里有分泌物要及时用棉签或湿毛巾擦除。

○ 避免尖锐的玩具或器具

宝宝的玩具要注意不要有尖锐的角。最好是圆角的，比较软的玩具，以免宝宝玩的时候不小心插到眼睛，或者和别的小朋友玩的时候刺伤小朋友。还有宝宝睡觉要注意周围不要有尖角的桌子之类的，防止宝宝睡觉不安稳，撞伤眼睛或者头部。

● 呵护好宝宝的皮肤

皮肤不仅能够防止紫外线照射和机械损伤等，还能抵抗微生物和毒物对机体的侵害。作为人体的第一道保护屏障，同时皮肤自身也是十分脆弱的。宝宝的肌肤虽然在组织结构和功能上和成人的肌肤相似，但仍有很大的不同：宝宝的皮肤摸上去很细腻光滑，但相比成人却要薄20%，肌肤屏障未发育完善，会呈现抵抗能力差、持水能力差等特点。痱子、红屁屁、湿疹甚至荨麻疹等，较常在宝宝身上发生。尤其是秋冬季节，在干燥气候的影响下，宝宝娇嫩的肌肤也经不起任何外力损伤。所以，很多新手妈妈都觉得宝宝的皮肤难护理。如何才能保护好宝宝的皮肤，让宝宝的娇嫩肌肤不受伤害？以下几点值得注意：

○ 日常护理

一般来说，一周给宝宝洗澡 2~3 次，以保持干净，当然具体情况也要具体应对。给宝宝洗澡时，选择相对密封的环境，室温、水温要适宜，可轻拍宝宝的皮肤，这样能抵御宝宝皮肤脱水的情况发生，更好地保护宝宝的皮肤。

○ 护肤品选择

新生宝宝只用清水洗就足够了，不需要使用任何的护肤产品，时间会帮助肌肤形成自我保护屏障。一旦开始给宝宝使用护肤产品时，要选择自然或者有机产品，确保不含香水酒精或其他化学物质，仔细检查产品成分，以免刺激宝宝的皮肤。

○ 夏季防晒

经常晒太阳可以获取更多的维生素 D，但夏季的烈日也会给宝宝的皮肤带来伤害。没有防晒措施会导致日光下皮炎、多形性日光疹等皮肤病的发生。所以夏季为宝宝做好防晒是很有必要的。物理型或无刺激性的高品质宝宝防晒产品是最佳选择，在出门前 15~30 分钟涂用，能充分发挥防晒功效。除涂抹防晒品之外，还要给宝宝带上遮阳帽或遮阳伞，减少日晒对宝宝皮肤的伤害。

○ 冬季防冻疮

冬季气候寒冷还常有寒潮侵袭，造成皮肤血管发炎，冻疮就易发生，宝宝的皮肤面临考验。新手妈妈可以通过增强宝宝营养、为宝宝擦儿童护肤霜并戴上手套等方式来预防冻疮的发生。如果皮肤已经冻伤，应及时向医生寻求帮助。

● 宝宝耳朵的日常护理

听力是人的中枢神经系统和听觉器官联合活动所产生的一种反应能力。听力在胎儿期已经形成，宝宝出生后听力逐步发展。大约在3个月的时候，宝宝能分辨出不同方向发出的声音，并会向声源转头；3~4个月时，能倾听音乐并表现出愉快的表情；4个月的时候，宝宝能分辨出大人的声音，比如听见妈妈的说话声就高兴起来，并开始发出一些声音，好像是对大人的回答。

很多新手妈妈或是忽略了宝宝耳朵的护理，或是护理得太过频繁都会影响宝宝的听力健康。不及时清理耳垢很容易导致细菌的侵入引起耳腔感染，对宝宝听力造成损伤，甚至会导致耳聋。太过频繁的护理，又会让年幼的宝宝感觉不舒服，迫使他（她）挣扎，一不小心也会造成伤害。怎样解决宝宝耳朵日常护理这个棘手的难题，有些建议新手妈妈可以参考：

耳朵清洗。宝宝的耳朵清理按照耳后、耳郭的顺序清理，最后用拧干的纱布擦干，谨防有水进入到耳道引起发炎。

温柔看待耳垢。耳垢能够阻挡灰尘、水等的入侵还可以缓冲噪声，抑制细菌滋生，是鼓膜的保护神。适时清理就好，太频繁的挖耳会增加对宝宝耳朵的伤害。

提防环境噪音。宝宝面对噪音时不能像成人那样主动回避，所以不要带宝宝去KTV、酒吧等噪音很大的地方，更不要给宝宝使用耳机，不但对宝宝听力造成伤害，同时给耳部带来压力，不利于耳朵发育。

预防损耳疾病。中耳炎是耳部疾病的元凶，而感冒就是引起中耳炎的一大罪魁，麻疹、腮腺炎等疾病也是中耳炎的导火索，要增强宝宝体质，预防耳部疾病的发生。

让宝宝有一副好嗓子

一声响亮的啼哭，预示着一个新生命的开始，也是一个健康宝宝的标志。从宝宝的"咿呀"作语到喊出第一声"爸爸""妈妈"，稚嫩的童声让妈妈听了倍感满足，同时也需要精心呵护。

口腔、喉头、声带是人的发声器官，虽然宝宝已经具有，但咽部狭小而且比较垂直，软骨柔软细弱，声带短、薄，因此在发声的过程中要保护好嗓音，使之适应发声器官的特点，为良好的发声奠定基础。可以从这几个方面加以保护：

正确对待宝宝哭

早期保护嗓音就是要正确对待宝宝的哭。哭，是宝宝的一种运动也是表达方式，但长时间的哭、喊会造成声带的边缘变粗、变厚，致使嗓音沙哑。

不要长时间讲话

每次宝宝讲话一段时间后要休息喝水。太过嘈杂的环境中尽量少讲话，避免宝宝直起喉咙喊叫才能让对方听见，这样减少宝宝的声带黏膜遭受局部刺激。

疾病影响嗓音

呼吸系统的疾病，如感冒、咽炎、喉炎等也会影响宝宝的嗓音。多给宝宝喝水，增强抵抗力。在传染病流行季节减少外出，必要时去医院就诊。

唱适合的歌曲

唱歌应注意宝宝的特点，起调不能太高，音域不宜过宽，音量不应过大，不要唱成人歌曲。当咽喉部疲乏或有炎症时，应禁止唱歌直到完全恢复。不要迎风唱歌或者唱歌后喝冷饮，以免损伤声带。

不要轻视嗓子痛

嗓子痛既可能是炎症侵犯咽部或扁桃体引起的咽炎、扁桃体炎，也可能是喉部症状为主的喉炎。持续性发热、吞咽困难有可能是中耳炎。无论是什么炎症，一旦病情加重都会使宝宝听力受损。所以，对于宝宝的嗓子痛，爸爸妈妈都应该引起重视，警惕宝宝嗓子是否发生了疾病，应及时带宝宝到医院治疗。

正确护理流口水的宝宝

口水其实就是唾液腺分泌的唾液，很多新手妈妈都细心地发现不同生长阶段的宝宝流口水现象也不相同。这其中又有哪些原因呢？你知道流口水分为生理和病理两类吗？又该如何护理？下面就来一一解答。

生理性流口水

添加辅食初期：大概4~5个月，妈妈开始为宝宝添加辅食，但此时的宝宝各方面还不协调，并不能很好地支配自己的口水，所以就出现一吃东西就流口水的现象。

长牙期：宝宝到了6个月时开始萌发乳牙，牙龈的不舒服会刺激宝宝口腔内的神经系统分泌大量的唾液，宝宝的吞咽功能没有发育完善，而且口腔容积也很小，口水就会不受控制地流出来，并且这个现象会伴随宝宝长牙的整个过程。

宝宝吃手或啃东西：宝宝最爱的吃手动作，会不自觉地把手放到嘴里吸吮，还喜欢把手里的任何东西都放到嘴里咬，这样的刺激会让唾液腺加大唾液的分泌，也就是常说的条件反射。

病理性流口水

腮腺受损：病理性流口水肯定是病态现象，尤其是婴儿时期的宝宝被频繁地揉捏脸蛋，就会让宝宝还没发育成熟的腮腺受伤，宝宝的流口水量远远超过同期的宝宝。所以，请不要揉捏宝宝的脸蛋。

口腔疾病：口炎、黏膜充血或溃烂、口腔溃疡、舌炎等口腔疾病，刺激唾液腺分泌旺盛，导致流口水。

神经系统疾病：控制腮腺流口水的神经中枢受损，大脑神经有问题身体不受支配，面神经、舌神经等神经系统紊乱都有流口水现象。先天性疾病的宝宝，比如先天性大脑炎、智障等也会有流口水现象。

护理要点：

爱流口水的宝宝，一定要用干净柔软的小毛巾勤擦拭，以免口水中的消化酶和其他物质长时间浸湿皮肤引发皮炎。多准备几个围嘴并换洗，尤其是夏天要保证宝宝嘴角及颈部的干燥。

注意宝宝的口腔护理

妈妈对宝宝的日常护理都会格外精心，但很多妈妈往往会忽略宝宝的口腔护理。当宝宝的口腔护理不到位时，就很容易患上鹅口疮、口腔溃疡、龋齿、乳牙龋坏或者提前脱落等常见疾病。不仅会让宝宝身体不适，还会影响宝宝牙齿生长。所以从宝宝一出生就要养成清洁护理口腔的好习惯。

婴儿阶段	温开水漱口。新生宝宝的口腔清洁，在喂完母乳或者奶粉后让宝宝喝一些温开水，将残留的奶水清洗干净，减少细菌滋生从而清洁口腔。同时还要保持乳头清洁或奶瓶、奶嘴的干净，避免宝宝口腔感染。
长乳牙前	清洁口腔更细致。长牙期的宝宝会伴随一些不适症状，这时可以先用棉签蘸上淡盐水或温开水，再擦拭宝宝口腔内的两颊部、齿龈外面，再擦齿龈内面及舌部。需要注意的是擦拭一个部位后要更换一个棉签，同时不要蘸取太多水，以防液体吸入呼吸道造成危险。
长牙后	纱布蘸上温水刷乳牙。乳牙萌出我们要用指套牙刷或纱布蘸上温开水，轻轻擦拭乳牙和牙床。牙齿清洁也要有规律地进行，每天早晚各一次，晚上喂完最后一次奶后要一次，以免奶液长期留在口中，容易导致龋齿。
3 岁前	牙刷出动了。长牙后，随着摄入的食物品种越多，残留口腔的食物残渣也多了起来，简单的漱口已经不能清洁口腔了。这时就要准备牙刷帮助宝宝刷牙，但不要过于用力，也不要过快，避免损伤牙床和口腔组织。
3 岁后	养成早晚刷牙的好习惯。学习并坚持早晚刷牙能保护口腔健康。教会宝宝正确的刷牙方法，上下、左右、前后、舌头表面都要刷到。只是单纯的刷牙并没有很大的作用，还要养成饭后漱口的好习惯。

应对宝宝长牙期不适

牙齿的发育与宝宝健康状况相关，也能反映出全身骨骼的发育状况。有的宝宝4个月就开始萌发乳牙，有的却到10个月才开始长牙。有的宝宝长牙时会哭闹，有的则会发烧……那么宝宝什么时候开始长牙，长几颗？新手妈妈该如何应对出牙期的口腔问题呢？我们一起来看看。

虽然宝宝出生时，乳牙就已经在牙床内，做好了长牙的准备。但开始长牙的时期和牙齿全部长全之前的速度个人差异很大。一般来说，宝宝出生后4~10个月开始出乳牙，1岁时萌出6~8颗，2岁~2岁半时出齐，长满完整的20颗乳牙。宝宝长牙一般都是门牙或者下面中间的两颗先萌发出来的，但有些宝宝的长牙顺序可能有点不一样。宝宝牙齿的生长次序一般是无关紧要的，如果宝宝发育、发展正常，没有特别的疾病，即使开始长牙晚些也不必担心，方便的时候可以去接受一下体检。

宝宝出牙顺序表

宝宝年龄	出牙顺序
5~10个月	上下各长出两颗乳中切牙
6~14个月	上下各长出两颗乳侧切牙
10~17个月	上下各长两颗第一乳磨牙
18~24个月	上下乳尖牙各长两颗
20~30个月	上下各长两颗第二乳磨牙

出牙期的宝宝会因为牙龈痒，变得喜欢咬人或者咬东西。有的还会出现萌出牙齿的牙龈边缘有一圈红红的发炎现象，宝宝因此会感到不适而烦躁哭闹，这时可以涂抹表面止痛剂来缓解。还要特别注意口腔清洁，每次进食后，将消毒纱布缠绕在食指上再蘸上温开水，对宝宝的舌头及牙龈出的食物残渣擦拭干净，保持口腔卫生。

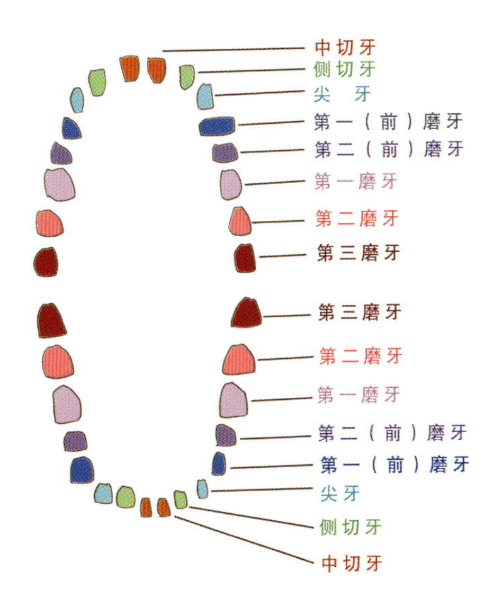

给宝宝洗脸、洗手、洗澡

随着宝宝的成长，活动量慢慢增加，加之宝宝的新陈代谢旺盛，分泌物、汗液积聚时间长会导致皮肤发炎甚至溃烂。所以，要经常给宝宝清洗保持皮肤清洁。在给宝宝洗脸洗手之前，妈妈们要先把自己的双手清洁干净，再进行宝宝的清洗。具体的方法：

首先，动作轻柔。宝宝皮肤娇嫩比较薄，而且皮下血管丰富。所以在给宝宝洗脸洗手时，动作一定要轻柔，否则容易使宝宝皮肤受损。

其次，要准备宝宝的专业洁具。为宝宝准备专业的毛巾、专用的脸盆，在使用前要用开水烫一下消毒。宝宝皮肤敏感，水温不要太热，以接近宝宝体温为适宜。

再次，要注意宝宝清洁的顺序和方法。一般是先洗脸，再洗手。妈妈可用左臂把宝宝抱在怀里，或直接让宝宝平卧在床上，右手用洗脸毛巾蘸水轻轻擦洗，也可爸爸妈妈两人协助完成，但不要把水弄到宝宝耳朵里，擦干时也要轻柔不要太用力。当然宝宝的小手也是细菌繁多的部位，擦手不能代替清洗，洗手时手心手背都要洗到，洗净之后再擦干。洗完之后的毛巾最好放到太阳下晒干，可以借太阳光来消毒。

除去宝宝每天的洗脸、洗手，洗澡同样是宝宝清洁的必修课。但新手妈妈还没有太多经验，自己的疏忽会让宝宝有一些不愉快的洗澡体验，尤其是小宝宝要格外注意洗澡时的安全。

○ 防烫伤

宝宝皮肤娇嫩，对水温高低非常敏感，可能妈妈觉得适合，对宝宝来说太烫。最好用温度计来监控水温，并远离热水管、热水龙头、电暖气等。

○ 防溺水

任何情况下都不要把宝宝单独放在浴盆中，不要让自己的视线离开宝宝。因为危险往往就发生在你看不见的几秒钟内，千万不要疏忽大意。

○ 防着凉

宝宝洗澡要选择相对密闭的空间，妈妈的动作既要轻柔准确又要迅速，洗完后要擦干宝宝身体并注意保暖，防止着凉感冒。

不要害怕给宝宝剪指甲

很多新手妈妈都发现，宝宝的指甲长得好快，肢体还不太协调的小手经常会抓破自己的小脸。再长大一点，宝宝变得爱吃手，指甲太长容易导致细菌的滋生。在这些因素的作用下，妈妈们必须为宝宝勤剪指甲。当指甲的长度超过手指时就说明需要修剪了。

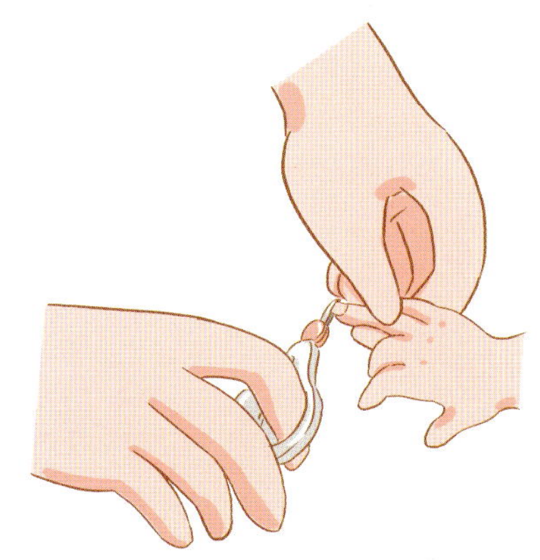

剪指甲对于成人来说是件再普通不过的事情，当要给宝宝剪指甲时就不那么容易了。宝宝太小还爱动，稍不注意就会伤到他（她），那些为了给宝宝顺利剪指甲而头疼的新手妈妈们这下有救了，这些秘籍传授给你就再也不怕给宝宝剪指甲了。给宝宝剪指甲的具体方法如下：

瞅准时机

宝宝的下一秒会干什么你永远猜不到，前一秒还很安静下一秒就开始挥拳，千万不要抱有侥幸心理，觉得自己能够让宝宝保持不动。当你想要给宝宝剪指甲时，在他（她）睡觉的时候是最合适的时机。

明亮的光线

昏暗的光线给宝宝剪指甲的失误率很高，不要以牺牲宝宝的肉体为代价，还是选择明亮的地方，360 度无死角，最好能速战速决。

修剪的工具

宝宝的指甲很小，又很柔韧，不容易剪断，用一般的指甲刀、剪刀容易伤到宝宝。最好为宝宝准备婴儿专用的指甲剪，以免剪伤宝宝的手指尖。

不要剪太深

有些强迫类的妈妈害怕宝宝的指甲藏污纳垢，总喜欢剪得很短。太短的指甲对宝宝来说并不舒服，甚至还会有痛感。指甲长度与指尖齐平就好，不要太短。

检查和修边

妈妈给宝宝剪完指甲后，可用自己的指腹沿宝宝的指甲边触摸一圈，觉得没有比较锋利的地方就可以了，发现尖角，务必要把这些尖角再修剪圆滑，以免尖角划伤宝宝。

宝宝的生殖器护理有讲究

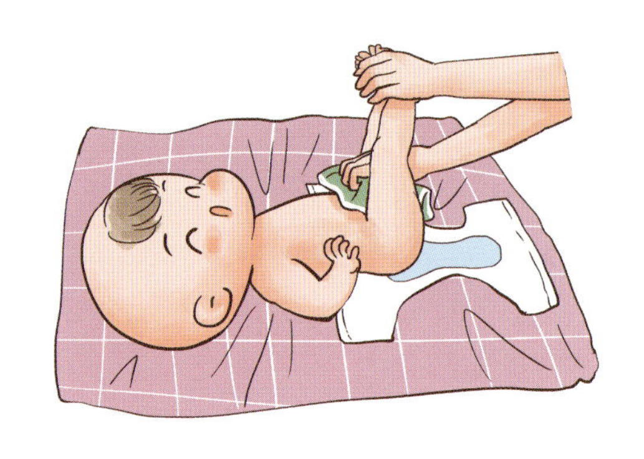

不管是男宝宝还是女宝宝，生殖器对于宝宝的整个身体来说都格外重要，妈妈们既担心清洁得不够干净，又害怕自己的护理方法不当对宝宝带来伤害。宝宝的生殖器护理有哪些讲究？男宝宝女宝宝的护理方法又有哪些不同？以下方法可以作为参考：

男宝宝生殖器护理

男宝宝的外阴生殖器护理非常容易，每天洗澡时冲洗就行。有时宝宝的包皮下会积存一些包皮垢（包皮与龟头间的乳白色物质），妈妈会发现用清水冲洗、擦洗效果不好，宝宝也会反抗。这时可以在包皮和龟头处涂上橄榄油1~2分钟，再用浸满油的棉签轻轻擦拭，就会很容易除去包皮垢。

温馨提示：

男宝宝出生后的前3年，包皮与龟头相粘连，所以不能上翻。此时因为包皮与龟头粘连，细菌不会进入。但撸、翻包皮会造成裂缝，使细菌进入引起感染。常翻包皮还会造成局部损伤，所以不能上翻。

女宝宝生殖器护理

在宝宝换尿布时，适当地清理外阴即可，用温水从上至下冲洗局部，将表面的附着物和细菌冲掉就可以了。宝宝的这些分泌物中有些物质具有杀菌、抑菌的作用，不仅无害还会保护局部黏膜免受细菌的侵扰。如果彻底清除，不仅会增加局部感染的机会，还会造成局部黏膜损伤，引起小阴唇粘连。频繁地清洁外阴也会造成局部刺激，导致炎症出现。

温馨提示：

有时你会发现，女宝宝的阴道口会流出一些血或白色的分泌物，那是妈妈的激素遗留在宝宝体内所致，不必担心，但过几天没有消失或加重，就要去医院咨询医生了。

学会正确的抚触按摩法

妈妈作为宝宝的按摩师，正确的抚触按摩手法可以促进宝宝神经系统发育，提高宝宝触感，看似轻松的抚触按摩实际上是门“技术活”。怎样给宝宝进行正确的抚触按摩？具体手法如下：

头面部

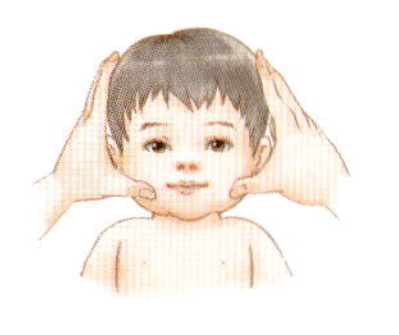

两拇指从下颌部中央向两侧以上滑动，让上下唇形成微笑状。两拇指从额部中央向两侧推，两手从前额发髻抚向脑后，两中指分别停在耳后，像洗头时用洗发香波一样。

胸部

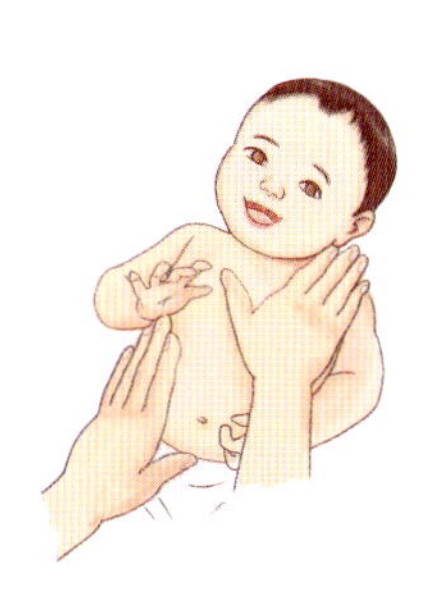

两手分别从胸部的外下方向对侧上方交叉推进，在胸部划成一个大的交叉。

腹部

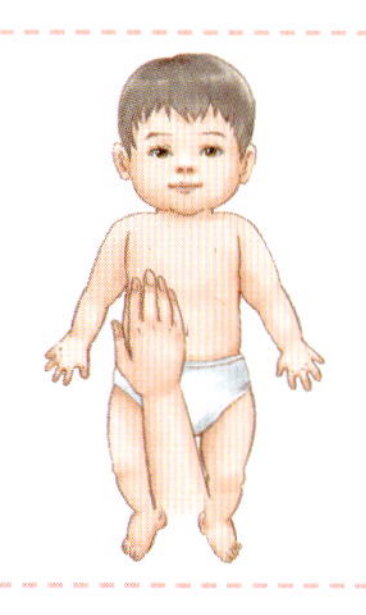

两手依次从婴儿的右小腹上腹向左下腹移动，呈顺时针方向画半圆。

四肢

两手抓住婴儿一只胳膊，交替从上臂至手腕轻轻挤捏，像牧民挤牛奶一样，然后从上到下搓滚，对侧和双下肢做法相同。

手与足

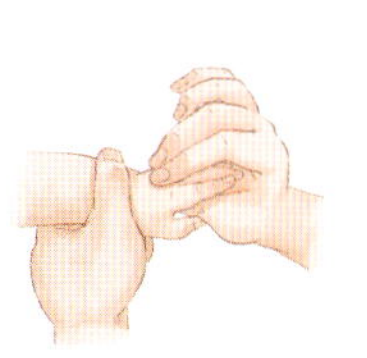

用两拇指的指腹从婴儿脚跟交叉，向脚趾部推进，并捏拉脚趾各关节，手的做法与足相同。

背

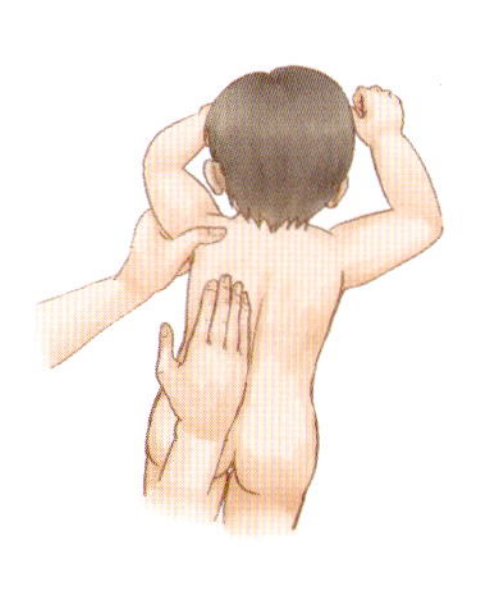

以脊椎为中分线，双手与脊椎呈直角，往相反方向重复移动双手，从背部上端开始移往臀部，再回肩膀。

温馨提示：

宝宝的抚触按摩一般浴后进行，室温舒适不被打扰，控制在15分钟左右。当宝宝不配合时，应停止抚触按摩。

呵护宝宝的睡眠

看着宝宝在臂弯里、被窝里熟睡的样子，新手爸妈的心底都会浮现出一种难以言表的满足。弯弯的睫毛，嘟嘟的小嘴儿，宝宝的举手投足之间，都散发着一种难以言说的可爱劲。在这样一个充满温馨的画面里，宝宝的睡眠需要得到细心的呵护。

让宝宝乖乖安睡

睡眠和喝奶一样，对于宝宝来说都是头等大事，幼小的生命在睡眠问题上，也同样需要家人的呵护。怎样才能让宝宝睡得更好？父母是否应该陪着宝宝睡觉？让我们一起来看看老观念怎么说。

● 宝宝吃饱睡得更好

对于婴幼儿来说，睡前吃饱有利于提高睡眠质量，否则夜间会因为饥饿频频醒来，睡眠不好反而会不利于孩子的健康成长。

睡前喝足奶能为宝宝提供充足的钙质，宝宝入睡后，内分泌系统功能更加活跃，能充分吸收奶水中的钙质，促使宝宝的骨骼加快成长。

● 宝宝睡觉需要“哄”

对于婴幼儿时期的宝宝来说，初次接触这个世界，还有很多东西不习惯，很多时候会恐惧、哭闹、焦躁不安。要使其适应这个世界，父母需要提供最大的帮助。如果睡觉时，父母能哼着小曲，轻轻地拍打着他（她），能让他（她）有种回到妈妈子宫的安逸感，慢慢进入梦乡。

● 陪小婴儿一起睡

刚出生几个月的婴儿睡眠期间十分敏感，在夜间从沉睡到浅睡过渡有时会多到每小时出现一次，当宝宝在过渡期部分清醒时，妈妈身上熟悉的气味，可以使宝宝安定下来，重新入睡。此外，和妈妈一起睡觉，宝宝哭闹时能及时得到安抚，饿了时能及时有奶喝。在宝宝生病时，妈妈也可以及时观察宝宝的身体情况。再者，同睡一张床时，妈妈也不用经常起夜去看望宝宝，不用因为时常起床而导致睡眠质量不佳。

此外，爸爸妈妈和宝宝一起睡，宝宝会记住这些熟悉的画面，还能从中学到爱和信任。靠着爸爸妈妈睡觉，会帮宝宝建立一个健康的睡眠态度，让宝宝不讨厌睡觉，也不害怕睡觉。

新思想 创造条件让宝宝入睡

众所周知，宝宝的睡眠十分重要。为了使宝宝的睡眠质量能够得到保证，父母或家人需要创造一些有利于宝宝入睡的条件。对此，一些新的思想的提出，为创造条件帮助宝宝入睡提供了很多方法。

● 背着宝宝入睡

把宝宝背在身上入睡，孩子睡着哭闹时及时进行安抚，孩子醒来饿了时还可以及时喂奶，背在身上哄哄，又能使孩子重新入睡。宝宝睡着时，还可以腾出空隙干干家务活、做做其他事情。总之，背着宝宝入睡能够做到宝宝家务两不误。

● 制造可以帮助宝宝睡眠的声音

宝宝在子宫内的睡眠环境其实也并不安静，制造一些类似在子宫内听到的声音，可以使宝宝产生一种处在子宫里的安全感，让他（她）睡得更好。比如：水龙头或淋浴喷头的流水声、鱼缸里小鱼的冒泡声、妈妈的心跳声或录像带里的海洋声等。同时，一些舒缓、平和的催眠音乐也能帮助宝宝更好地入睡。但由于长期处在噪音环境里对宝宝有害，应把握好声音的大小和时长，在宝宝入睡后即可停止制造类似声音。

● 给宝宝准备睡袋和枕头

宝宝睡觉时很不安稳，爱踢被子，被子踢掉后，宝宝就很容易着凉感冒。宝宝睡觉时使用睡袋，宝宝不易挣脱被子，身体能被被子包裹住，避免着凉。

婴幼儿时期，枕头对宝宝的头部和颈部有很好的保护保用。宝宝的头型还不稳定，有个护型的枕头，能让宝宝头部受力均匀，自然发育。比如使用定型枕头就可以防止宝宝扁头。

● 爸爸也应参与夜间育儿

白天妈妈一个人需要负责家务，如果晚上也只有妈妈一个人负责照顾宝宝，会无形增加妈妈的压力，给妈妈的身体带来伤害，在这种情况下，育儿的质量反而无法得到保证。爸爸夜间参与育儿，为宝宝换换尿布、喂喂奶粉都能为妈妈分担不少压力，也可以建立与宝宝的亲密关系，从而达到工作与家庭的平衡。

新老观念对对碰

关于宝宝睡觉，包括睡眠环境、睡觉方式、睡眠习惯等，都有很多讲究。新老观念所持的意见也各有不同。两种观念相遇，难免会碰撞出育儿的知识火花。虽然新老观念各有千秋，但我们还是应该树立一个科学的观念。

睡硬枕头有好头型 PK 宝宝不需要枕头

老观念：睡硬枕头可以帮助宝宝固定脖子和脑袋，可以帮宝宝塑造一个良好的头型。

新思想：使用枕头会对宝宝的头部血液循环影响很大，不利于宝宝生长发育，同时还会影响头部颈部的生理功能，可能造成宝宝头部发育畸形。

专家观点

新生宝宝可能会经常溢奶或打嗝吐奶，只需用毛巾折叠起来当枕头使用，折合大约1厘米高即可。3个月的宝宝开始学习抬头，脊柱也开始自然地生理弯曲，肩膀渐渐变宽，为了能使睡眠时体位合适，可以开始使用枕头。但由于婴儿颅骨和其他头骨都比较软，结合还不坚固，枕头切记不可过硬，以防导致宝宝头骨变形。

睡觉时给宝宝留夜灯 PK 不要让宝宝在灯光下睡觉

老观念：妈妈晚上要给宝宝喂奶、盖被子、换尿布等，留上夜灯方便照看宝宝。而且，宝宝晚上对黑暗有恐惧，留上夜灯，情绪就会稳定一些。

新思想：睡觉时开夜灯，灯光的刺激会使宝宝难以入睡且对宝宝的眼睛有所伤害，影响宝宝的睡觉质量。

专家观点

夜灯经济实惠又方便，还能为怕黑的宝宝赶走恐惧。但经常开夜灯有可能影响宝宝的睡眠质量和生长发育。光源的刺激会使宝宝的情绪容易产生波动，影响宝宝的睡眠。微弱的灯光下，即使闭着眼睛也能感受到光源，眼睛得不到很好的休息，而且灯光的刺激会增加宝宝得近视的概率。

摇晃使宝宝更易入睡PK摇晃会使宝宝大脑损伤

老观念：摇晃宝宝能安抚宝宝情绪，摇摇晃晃的感觉给宝宝带来舒适，让宝宝更易入睡。

新思想：宝宝的大脑还很脆弱，摇晃宝宝会使宝宝的大脑受到损伤。

专家观点

婴幼儿脑部发育还未完全，自我的平衡调节功能也尚不完善。频繁剧烈的摇晃，会让宝宝的大脑在颅内不断晃荡，与较硬的颅骨相撞，造成脑内小血管破裂，引起“轻微脑震荡综合征”。轻者可造成宝宝智力低下、肢体瘫痪，重则使宝宝因为脑水肿、脑疝而死亡。有时还会使视网膜受到影响，导致失明或弱视。

孩子还小要和大人睡PK孩子大了就要自己睡

老观念：孩子还小，应当和父母同床睡，夜间方便照料。

新思想：孩子大了应该自己睡，养成独立睡觉的好习惯。

专家观点

孩子独立睡觉既可以避免受到大人碾压而产生窒息，也可以养成良好的睡眠习惯，有利于培养独立自主意识，从而有利于发展孩子的安全感。另外，父母和孩子分房睡，还能避免孩子产生恋父或恋母情结。

宝宝打鼾说明睡得深PK打鼾会使宝宝睡眠受影响

老观念：宝宝打鼾了说明睡得香，睡得香睡眠质量才会好。

新思想：宝宝打鼾会使宝宝睡不安稳，睡眠质量会因此受到影响。

专家观点

经常打鼾除了会影响宝宝的睡眠质量外，还可能产生很多危害。打鼾严重的宝宝多伴有呼吸暂停，可能会造成夜间缺氧，导致肺动脉高压、心律失常，容易发生危险。同时，打鼾也会影响宝宝的性情，使其变得易躁易怒。

专家课堂 科学管理宝宝的睡眠

看着宝宝睡觉时的乖乖样子，父母们总是会心满意足。殊不知宝宝的这种安逸感，父母们的这种幸福感，都需要大人们通过科学的管理和精心的呵护来营造。如何科学地管理宝宝的睡眠是一门学问，对于新手父母而言都是一个需要学习的过程，小到选择合适的床上用品，大到解决宝宝的睡眠问题，都需要父母用心对待。

宝宝的睡眠特点

宝宝的睡眠有很大的共性，睡眠时间比较长，睡眠周期比成人短，夜间有较多易醒期。由于每个宝宝的具体情况不同，特性上还存在个体差异。

宝宝每天需睡眠时间情况表

宝宝年龄	需睡觉时间
0~2个月	20个小时以上
2个月	17~18个小时
6个月	14~15个小时
1~3岁	12~13个小时

宝宝白天睡眠次数情况表

宝宝年龄	睡觉次数
4~12个月	3次
13~18个月	2次
18个月以上	1次

给宝宝选择合适的床上用品

选对了床上用品，让宝宝舒适入睡这件事情就成功了一半。在选择宝宝的床上用品时，比起美观性，首先更应考虑其舒适性、实用性和安全性。为此，床垫、枕头、床单被套等的选择都大有讲究。

○ 床垫

高质量的床垫可以有效支撑宝宝的脊椎，使之成一条直线，有助于宝宝骨骼良好发育。因此，在选择宝宝床垫时，可考虑支撑力较好的高密度海绵床垫，亦可选择弹簧圈数在150以上的弹簧床垫。床垫的四周应留有排气孔，方便排出异味，使床铺保持清洁。在大小的选择上，床垫与床边的空隙应不超过一指。

○ 枕头

宝宝从3个月以后开始使用枕头，枕头的高度、宽度和硬度都应保持适中。高度以3~4厘米为宜，可根据发育情况逐渐调整，婴幼儿时期可调至6~9厘米。枕头宽度应与头长相等，略大于肩宽为宜。枕芯应选择柔软、透气、吸湿性较好的，既能保证宝宝枕着舒适，又能保证在宝宝回奶、吐奶时保持清洁，且方便清洗。

○ 床单、被套

由于此类产品直接接触宝宝皮肤，选择时应保证对宝宝的皮肤不会造成伤害，可选用纯棉质地的床单被套，舒适透气。由于颜色较鲜艳或较深的织品所含的化学物质可能较多，在颜色上可选择素色或浅色的制品。在给宝宝使用之前应用开水洗烫，待阳光晒透后方可使用。

○ 垫褥

为了防止宝宝的尿液等浸入床垫，可选择一些较平整硬实的垫褥。保护宝宝脊柱的同时，又能保持床铺清洁，还能避免宝宝趴睡时因床垫过软而导致呼吸困难。

○ 盖被

被子不要太大、太厚，大小不要超过床面的 2/3。在被胎上可选择一些舒适柔软、透气性好、保温性好的，如：棉被。但是，值得注意的是，羽绒被虽然也具备相似的特点，但是有可能会对宝宝的皮肤和呼吸造成困扰，不适合初生的宝宝。

● 新生宝宝的睡眠护理

新生宝宝出生头几天，除了喝奶，几乎总处于睡眠状态。睡眠对于新生宝宝至关重要，新手爸妈们应注意好宝宝的睡眠护理。为此，新手父母们应做到：

○ 保证好宝宝的睡眠时间

初生宝宝的睡眠时间一天基本上在 20 个小时左右，并随时随地均可入眠。新手父母们应该给宝宝营造一个安静舒适的环境，避免因吵闹使宝宝得不到充分的休息。

○ 让宝宝单独睡

哺乳期中的妈妈容易精神疲劳，睡觉时容易睡得深沉，翻身时容易压到宝宝，造成宝宝受伤或窒息。父母们可在自己的床铺旁准备一张婴儿床，方便照料宝宝，又能保证宝宝睡觉时的安全。在宝宝睡觉的过程中，应注意避免被子、床垫等挡住宝宝的口鼻，宝宝趴睡时应注意帮助宝宝翻身，以免造成窒息等情况的发生。

○ 做好睡前准备

在让宝宝睡觉前，妈妈们可适量地进行哺乳以防止宝宝因肚子饿难以入睡，可给宝宝换上干净的尿布等，保证宝宝舒适入睡。

爱心妈妈护眠有技巧

在关于怎样让宝宝好好睡觉的这个问题上，很多父母往往会力不从心。掌握好技巧往往会使得妈妈们感到事半功倍、倍感轻松。那么，呵护宝宝入眠都有怎样的技巧呢？让我们一起看看吧。

○ 尽量让宝宝自然入睡

宝宝稍大后，父母最好不要哄着宝宝入睡，应尽量让宝宝自然入睡，形成自己入睡的好习惯。对于宝宝出现的睡眠问题，如哭闹、睡不踏实等，父母应冷静处理，切勿因过于担心而进行干预，应给宝宝留有足够的自我调节空间，以免宝宝在睡觉时对父母产生依赖。

○ 找出适合宝宝的睡眠规律

每个宝宝都有自己的睡眠习惯，父母在护理孩子睡觉的过程中应根据宝宝的睡眠特点找出适合宝宝的睡眠规律。在确认这个规律能保证孩子的健康发育的情况下，坚定不移地去实行，勿因宝宝的撒娇或任性而不忍，从而发生动摇。

○ 关注宝宝睡眠时的冷暖

宝宝睡觉时，父母应时刻关注宝宝的冷暖，避免宝宝睡觉时过冷或过热，从而引发感冒或其他疾病。在宝宝睡觉时，新手爸妈需观察宝宝是否发生踢被子的情况，在宝宝被包裹的情况下，通过观察宝宝头发、衣服是否过湿，身体是否冒汗等来辨别宝宝是否过热。也可通过观察宝宝睡觉时是否来回翻滚、难以入睡，来判断是否是由过冷或过热而引起的。亦可通过大人手掌的温度来测量，宝宝体温与大人手温差不多即可。过热或过凉时，需考虑适当给宝宝更换被子、增减衣服等。

○ 宝宝的寝具要合适

宝宝的寝具选择不仅关系到宝宝的睡眠质量，也关系到宝宝的健康发育问题。选择宝宝的寝具时应优先考虑舒适度、安全性、实用性问题。包括：选择的枕头应软硬合适、高度合适、宽度合适，小床应安全性高，枕芯应柔软、透气、吸湿性好，床单被套应安全、舒适、化学成分少，被子大小合适、柔软度适中、透气性好等。这些在文中都有提到。

● 解决宝宝常见的睡眠问题

宝宝出现睡眠问题时，不仅会使宝爸宝妈们感到头疼，也会让宝宝自身受到严重的困扰。当面对宝宝出现的睡眠问题，妈妈们经常会思考该怎样使宝宝的睡眠生活重回正轨。为此，妈妈们需要找对原因，对症下药。

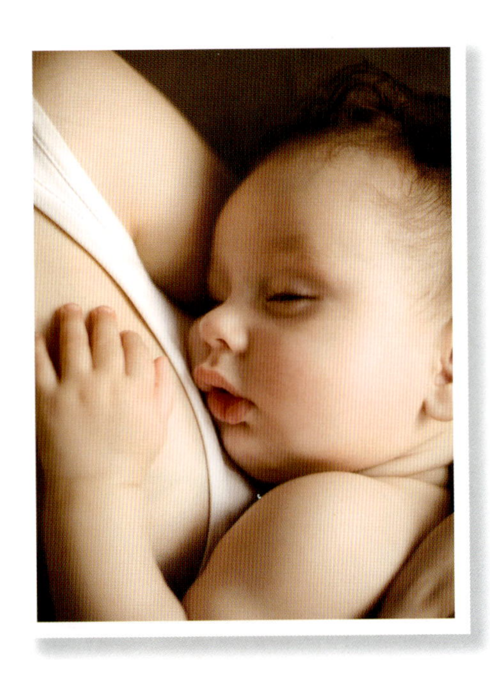

○ 入睡困难

宝宝在睡觉时很多时候很难进入平稳的睡眠状态。这种情况通常是由于缺乏安全感、睡前过于兴奋、睡眠条件不良、睡眠无规律等引起的。家长们可通过陪伴、安抚宝宝睡觉的方式带着宝宝进入睡眠，在宝宝睡前尽量勿进行一些刺激宝宝的神经产生兴奋的活动，如做游戏、唱歌、逗笑等。在宝宝上床时营造一个舒适的睡眠条件，包括调暗灯光、调整室温等。在帮助建立一些外在条件时，也应培养宝宝养成有规律的睡眠习惯。当然，宝宝入睡困难还存在其他病理性原因，应带宝宝就医治疗，排除不良因素。

○ 入睡后翻滚

床不舒服、临睡前吃太饱、肠道寄生虫等都是导致宝宝入睡后不停翻滚的原因。宝宝睡前，妈妈们可检查宝宝的睡床是否舒适，宝宝入睡后可查看是否因为尿床不适等引起翻滚。睡前勿让宝宝过量进食，以免压迫肠胃引起不适而睡不踏实。同时，应注意带宝宝就医检查，排除肠道寄生虫等病因。

○ 夜惊

宝宝在入睡后有时候会出现突然坐起、尖叫、哭喊、两眼直视或紧闭，手足乱动，神情紧张、恐惧，呼吸急促、心跳加快等症状。这种现象称为“夜惊症”。轻度的夜惊无须刻意治疗，发作时父母也不宜叫醒宝宝，否则会使夜惊加重、延长，可轻抚宝宝的背部、摸摸宝宝的小手以安定情绪。重度夜惊时，可在经医生诊断的情况下进行治疗，包括是否用药、是否需要采用心理疗法。父母们应对宝宝们进行心理疏导、帮助宝宝放宽心。平时可以通过讲故事、做游戏、外出游玩等方式减轻宝宝的心理压力，睡觉前可通过聊天沟通、播放舒缓音乐来帮助宝宝愉快入睡，提高睡眠质量。对于缺钙导致的夜惊，应及时补充维生素D和钙质，亦可带宝宝就医咨询。

○ 夜啼

婴儿白天能安静入睡，入夜则啼哭不安，时哭时止，或每夜定时啼哭，甚则通宵达旦，称为夜啼。宝宝夜啼在生理上多与饥饿、口渴、太热、太闷、尿布潮湿、白天过度兴奋等有关。这种情况下妈妈们需及时关注宝宝是否因为以上原因而啼哭，如果是，应及时进行喂奶、喂水、更换尿布等操作。宝宝每夜甚至通宵达旦啼哭时，除了避免使宝宝受惊吓以外，应警惕是否是由疾病引起的，如：发热、佝偻病、蛲虫病、呼吸不畅等。这种情况下，除了安抚之外，父母应考虑带宝宝就医，根据医生指导采取相应的治疗方式，常见的疗法有：针灸疗法和推拿疗法。

○ 打鼾

宝宝本身的呼吸道比较狭窄，呼吸道有分泌物或有疾病时容易打鼾。同时，不正确的睡姿（如仰卧）、体胖也是致病因素。在睡觉前，父母们可给宝宝清理鼻腔分泌物，睡觉时，让宝宝尽量采取侧卧的方式，同时防止双手压制胸口，避免因为压制使呼吸道功能受阻而引起的打鼾。睡姿不正确时，亦可翻动宝宝的身体，调整宝宝的睡姿。肥胖的宝宝可考虑给其适当减肥。减肥和调整睡姿无果的情况下需去医院进行检查，查出诱因后进行治疗。

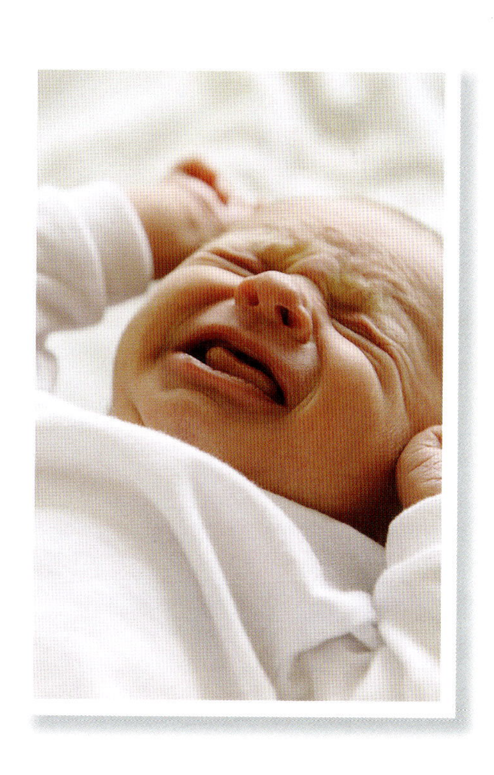

宝宝衣物搭配与清洗

“奶奶是潮童杀手”曾一度成为网络热门话题。年轻父母与老一辈的穿衣观念确实不同，年轻人觉得宝宝穿得好看会更可爱，但有时会忽略舒适性，老人家则多从方便实用来考虑，但却忽略美观。宝宝衣物的选择与搭配究竟应该如何平衡舒适与美观呢？

老观念 宝宝冷暖要适宜

有一种冷，叫奶奶外婆觉得你冷。对于老一辈来说，他们最担心的就是给孩子穿少了，孩子因此而感冒。因此，给孩子穿多点、保持衣着整洁就行，不需要过分追求衣物的式样就成了老一辈人普遍的衣着观念。

● 宝宝的衣服应柔软、舒适、方便

好动，是孩子的天性，他们总是对周围的东西充满了好奇，似乎也总有撒不尽的精力，衣服的舒适度是很重要的影响因素。同时，由于宝宝年纪小，皮肤娇弱，柔软、方便穿着的衣物更适合宝宝。

● 保持着装的整洁卫生

良好的个人卫生形象，能够引起他人的尊重，也是对别人尊重的表现。注意着装整洁与卫生，是孩子美育的重要内容。一个整洁的孩子会招人喜爱，哪怕他（她）衣着一般。反之，如果一个孩子服装质地与式样甚是华丽，却蓬头垢面，依旧会令人生厌。

● 不要过分追求时尚与打扮

过分追求时尚和打扮，会给孩子从小树立一种不正确的消费观，也容易造成孩子爱虚荣、好面子的不良心理。

与此同时，就衣服本身来说，有的衣服为了所谓的“时尚”设计，会添加亮片、植绒、金属装饰、绳带等，小孩与大人不同，他们活泼好动，容易出汗，还喜欢咬东西，如果衣服上装饰太多，反而会有安全隐患。例如，带有铆钉装饰的外套，宝宝如果不小心摔倒，尖锐的铆钉很可能戳破宝宝的皮肤，造成伤害。因此，给宝宝买衣服，不要过度追求时尚，让孩子穿得舒服才是最重要的。

新思想 要健康也要美观

宝宝的衣物，保证健康是基础。在此之上，也要关注衣服的款式细节，通过穿着让宝宝变得更漂亮。尽管宝宝年纪小，但他们也有爱美之心，而日常的这些生活细节，也是培养他（她）审美能力的重要一步。

● 给宝宝穿衣要适度

给宝宝穿衣服，多穿少穿都会生病。如果让宝宝穿得多，就很容易导致宝宝中暑；相反，穿得少，宝宝也容易受寒，出现腹泻、感冒等不适。怎样穿衣才合适呢?

孩子会走之后，活动量会较大，一般根据气温和所选衣服进行搭配，保证气温+衣服增加的温度=26℃即可。每件衣服能增加的温度：厚羽绒服9℃，薄款羽绒服6℃，稍厚弹力棉衣5℃，厚羊毛衫4℃，棉背心4℃，抓绒衣服3℃，薄外套3℃，厚棉毛衫2℃，薄棉毛衫是1℃。如果实在不好把握，参考爸爸的穿衣标准即可。

● 给宝宝早日穿上满裆裤

在婴儿期，宝宝饮食主要以乳类为主，大小便的次数较多，且宝宝还不能自主控制排尿，家长需要不停地为其更换尿布。为了方便，父母常常给婴儿穿开裆裤。但随着宝宝渐渐长大，开始会爬、会走，接触的东西日渐增多，特别是宝宝长到1岁以后，就不宜再穿开裆裤了。这是因为穿开裆裤会增加生殖器感染和受伤的机会，尤其是女宝宝，不利于宝宝形成隐私意识，也不能让孩子更早地自主大小便。

● 小宝宝也要穿得漂漂亮亮的

童年的审美奠定了人一生的审美倾向和生活品质。而这样的培养就在平常日子里，在我们给孩子选择的衣品上。即便是小宝宝，给他（她）色彩鲜艳、裁剪得体的衣服，会在不自觉中让他（她）形成审美意识。不要放弃对美的追求、拥有把生活过得细致美好的能力，是孩子审美教育中的关键一环。

另一方面来说，作为孩子当然喜欢身边的人能关注自己，喜欢自己。他们也许不会表达，但是他们也喜欢打扮得体一些，优雅一些，这样可能更受欢迎。

观念PK 新老观念对对碰

聊到宝宝的穿戴问题，妈妈们往往会大倒苦水。她们每天都要为宝宝“穿多少衣服才暖和，什么时候该给宝宝脱衣服，晚上盖多少被子才好”之类的问题和家中的老人争执不下。到底是年轻妈妈们的“现代育儿经”有科学依据，还是老人们的“经验之谈”更靠谱？

新生宝宝要戴手套PK戴手套不利于宝宝手指发育

老观念：新生宝宝手指指甲长得快，喜欢乱抓，为防止他（她）抓伤自己，还是给宝宝戴上手套比较好。另外，戴手套还可以保暖，防止宝宝手脚冰凉。

新思想：新生宝宝戴手套束缚了宝宝手指活动，不利于宝宝动作发育。同时，也担心手套里的线头会给宝宝造成威胁。

专家观点

新生宝宝主要用手来探索周围环境，每一种他（她）触摸到的不同的感触，都会传递到大脑来刺激脑部神经的发育，所以孩子触摸的东西越多，越利于他（她）的手部和大脑发育。换而言之，手套保护了脸，却阻挡了宝宝的发育。为避免宝宝抓伤自己，妈妈可经常为宝宝修剪指甲。

给宝宝穿旧衣服更好PK新衣服更干净卫生

老观念：旧衣服经过清洗里面的有害物质更少，且更柔软。宝宝长得快，买新衣服也挺浪费钱的。

新思想：现在生活条件好了，给宝宝买点新衣服也不会造成很大开支，新衣服怎么看都比旧衣服更干净、卫生。

专家观点

旧衣服经过反复洗涤，柔软舒适，避免了甲醛、铅等化学物质的残留。如果亲戚朋友家有年纪差不多的健康宝宝，可以接受他们赠予的旧衣服。不过在接受旧衣服时，妈妈们要把握“要大不要小，要外不要内”的原则，即可以接受大一些的衣服，如外套、裤子，而宝宝的内衣最好不要穿旧的。

暗色衣服更耐脏 PK 颜色鲜艳的衣物更好看

老观念： 孩子喜欢在地上摸爬滚打，衣服容易脏，选暗色衣服省去了清洗的麻烦。

新思想： 宝宝年纪小，穿颜色鲜艳的衣物显得有活力，更可爱。

专家观点

不管是暗色的衣服，还是颜色鲜艳的，都是经过印染的，其化学品残留较多，这就是宝宝健康的严重威胁，给宝宝穿的衣服应以浅色或者不印染为宜。另外，新生儿眼睛发育并不完全，视觉结构、视神经尚未成熟，过于鲜亮的颜色会对宝宝眼睛产生强烈的刺激，也不宜穿。

给宝宝戴首饰没关系 PK 宝宝戴首饰会带来危险

老观念： 珠宝玉石有益健康，并且可以避邪，可以保护宝宝茁壮成长。

新思想： 宝宝年龄小、皮肤娇弱，佩戴首饰容易造成不必要的伤害。

专家观点

宝宝常会把东西放进嘴里，通过咬来探索事物。他们身上的饰物很容易成为“探索”的对象。有些首饰其原料属于重金属，若把它们含在嘴里，可能会不自觉地吃到这些金属，长此以往可能造成宝宝重金属中毒，危害其生长发育。此外，一些小饰物很容易被宝宝误吞到体内，若卡在喉咙，易造成他们的窒息。有些宝宝还会对金属过敏。

小宝宝就要穿开裆裤 PK 穿开裆裤不雅观

老观念： 小孩子大小便频繁，穿开裆裤不用时时给宝宝换尿片或尿湿了裤子，省事不少，而且穿开裆裤也比较透气，不会出现红屁屁。

新思想： 穿开裆裤，宝宝生殖器都暴露在外，也易养成随地大小便的习惯，不太雅观。

专家观点

穿开裆裤确实比满裆裤要方便，但是其坏处也更大，让宝宝生殖器长时间暴露在外，增加了细菌感染、受寒的机会；小孩会不自觉地摸生殖器，不利于形成隐私意识。因此，当宝宝不再穿纸尿裤的时候就可以给宝宝穿小内裤和满裆裤了。

专家课堂 安全、合适更重要

很多父母都十分关心孩子吃到肚子里的东西是否安全，但却忽视了与孩子有最亲密接触的衣服的安全性。认为只要买“纯棉”或者买“大品牌”的就万事大吉了，殊不知衣物的挑选与搭配其实暗藏诸多细节，稍有不慎则会损害宝宝健康。

● 宝宝衣物的选择有讲究

将自己的宝宝打扮得漂漂亮亮、帅气十足，几乎是所有父母热衷的事情，但你家宝贝的衣服，真的安全吗？儿童皮肤娇嫩，需要细致呵护，而衣服作为直接接触皮肤的物品，在选择上更要多留心，容不得半点马虎。

○ 宝宝衣物选择的基本方法

整体观察衣服的外观、样式，是否适合自家宝宝穿着。一般来说，给宝宝的衣物款式应尽量简单、大方。

→ 看标签　正规厂家生产的宝宝衣物，会详细标明衣物的一些基本信息，比如面料成分和含量、商品执行标准、洗护标签、产品安全类别和厂家信息。通过标签，我们可以对宝宝的衣物有个初步判断。一般 3 周岁以下的婴幼儿服装必须标明“婴幼儿用品”（A 类）。（婴幼儿服装 A 类标准要求甲醛含量小于等于 20 毫克 / 千克）

→ 了解衣物的面料　通过标签，我们可以知道宝宝衣物的面料是什么，宝宝衣物首先选择纯棉面料。婴儿皮肤嫩，容易过敏，所以在选择婴儿衣服材料时，最好选择纯棉的，含棉量95%以上就算是纯棉了，透气性好，容易吸汗，面料也柔软，不容易刺激宝宝娇嫩皮肤。尽量不要选择化纤类产品，比如涤纶、腈纶等，透气性不好，容易刺激宝宝皮肤，引起发红、发热、发痒等皮肤过敏现象。

→ 挑颜色　宝宝衣物最好选择浅色、少印花的。颜色较深、较鲜艳的童装，在印染过程中会用到更多染料和助剂等化学物质，贴身穿着时，可能会引起宝宝皮肤过敏和不适。深色衣物容易掉色，宝宝又很喜欢咬衣物，容易把染料吃进肚子里，对健康不利。

→ 闻味道　购买宝宝衣物时一定要靠近鼻子闻一下，闻一闻衣服上是否有刺激性的气味，如霉味、汽油味等。如果有异味，则可能是服装生产过程中添加的化学物质残留引起甲醛、pH值超标，也有可能是衣物布料老化、长期堆积所散发出来的气味，这种衣物一定要谨慎购买。

→ 看细节　看衣物做工是否细致，线头多不多，边缘是否平滑。一般新生儿的衣物上的标签和缝纫面都在衣服的外面，贴身穿的一面比较平滑。妈妈们可亲手仔细对服装的车缝、拼接、纽扣等辅料、领口、袖口等细节进行感触。

不同年龄段宝宝衣服的选择

1~3岁的宝宝处于一个快速成长的阶段，其衣物，尤其是服饰的更换也比较快，但是，家长决不能因为孩子衣服穿不久就马虎对待。不同年龄段的儿童也需要不同款式的衣服，这样才能让孩子的穿着更自然、更舒适。

1岁以内的婴儿

这个阶段的宝宝新陈代谢快，大小便频繁，质地柔软、宽松、颜色浅的和尚服、蝴蝶衣、包臀衣、连体衣、开襟分体套装是新生儿衣服的较好选择。在选购时，还应注意，尽量不要买有衣领、戴帽子的衣服，衣服尺寸宜大一号。另外，分体套装的裤子，最好不要有松紧带，避免勒着宝宝，影响宝宝正常活动和内脏的正常发育。

1~2岁的宝宝

这个时期的宝宝脑袋大、脖颈短、肚子滚圆，活泼好动，因此，衣服领口尺寸要大些。到了幼儿后期，孩子爱跑爱跳，为便于孩子学会自己穿脱，上下装可选购组合式，上衣尽量选择开襟样式。裤子宜选择纯棉的满裆裤。

2~3岁的宝宝

这一阶段的宝宝生长迅速，款式应以宽松为主，男女有别。孩子服装的颜色要有所选择，与肤色相称，尽量避免选择面料粗硬、偏小的服装，以免磨损儿童娇嫩皮肤，限制他们的活动，影响孩子发展。

宝宝鞋的选择

0~6个月宝宝宜选蘑菇鞋：蘑菇鞋头宽松肥大，适合发育中的小脚，棉布面软鞋底，鞋口稍高，可保护宝宝脚踝。在保护宝宝脚的同时，还给宝宝的小脚丫留有足够的成长空间。穿着时，轻轻把宝宝的脚穿入，检查宝宝脚的各部分均完全到位就可以了。一个宝宝最好有两双蘑菇鞋，让宝宝换着穿，有利于宝宝脚部健康生长。

6~10个月宝宝可选软底鞋：宝宝6个月以后，会很喜欢由爸妈扶着上下跳跃。在他们学会走路之前，他（她）已经会爬、会站了。由于地上比床上硬多了，为了保护宝宝的脚丫，可以买一些软底鞋给他（她）穿。鞋底不需要太厚，有防滑颗粒的比较好。另外，给宝宝穿的鞋一定要透气、安全无异味。

11~13个月宝宝宜穿学步鞋：当宝宝学走路时，一双舒适的鞋，可保护他（她）的脚在学步时不受粗糙地面及其他尖锐物品等潜在危险的伤害。鞋子的底部要平坦、均匀，宝宝柔嫩的小脚学步时才能走得更稳定。

14个月后宝宝的鞋：宝宝鞋底不要太硬，适当软一些，把鞋底弯曲，鞋尖能接触到鞋跟就好。对于已经掌握走路技巧的宝宝来说，鞋底要稍微有些硬度，可以帮助宝宝端正走路姿势。另外，2岁前的宝宝最好穿高帮鞋。

温馨提示：判断宝宝的鞋是否合脚

宝宝鞋码是否合适的最好依据是宝宝穿好鞋后妈妈的一根手指能塞进去，但同时妈妈们还要细心观察宝宝的脚趾有没有被鞋子压红、走路脚有没有出现水泡、宝宝愿不愿意继续穿着来综合衡量鞋子是否合脚。

给新生宝宝穿脱衣物的技巧

宝宝出生前，你比较关注的可能是宝宝衣服的数量、尺码和颜色，但是等宝宝出生以后，你关注的焦点变成了怎么给宝宝穿衣服、脱衣服。新生儿的身体很柔软，四肢还大多是屈曲状，不管是给新生儿穿衣服还是脱衣服，妈妈的手法都要轻柔。

穿开襟上衣

先将上衣打开铺在床上，再把宝宝放在衣服上，依次将宝宝的胳膊放入袖子，将宝宝的小手拉出来，再系好带子或扣上扣子即可。连体衣和蝴蝶衣的穿着基本上和穿开襟上衣一致。

脱开襟上衣

将宝宝放在温暖、平整的台面或床上，解开扣子或衣服系带，一只手从肩部伸入袖子，握住宝宝的肘部，另一只手向外向下拉袖口，脱下这侧袖子。用同样的方法脱下另一侧袖子。再用一只手轻轻托起宝宝的头颈部，另一只手把压在宝宝身下的衣服拉出来，再轻轻放下宝宝的头颈部即可。注意给宝宝穿脱衣服时动作一定要轻柔，要顺着其肢体弯曲和活动的方向进行，不能生拉硬拽，从而伤到宝宝。

穿脱裤子

先把裤腿折叠成圆圈形，妈妈的手指从中穿过去后握住宝宝的足腕，将脚轻轻地拉过去；穿好两只裤腿之后抬起宝宝的腿，把裤子拉直；抱起宝宝把裤腰提上去包住上衣，并把衣服整理平整。按照给宝宝穿裤子的方式逆向脱掉裤子即可。

根据季节和天气变化调整着装

春、夏、秋、冬，四季轮回，每个季节都有各自的气候特点；晴、雨、阴、雪，不同的天气也会影响人体温感。根据季节和天气变化调整着装，对大人来说是寻常小事，但对于体温调节能力差的宝宝来说，穿多穿少、穿什么都取决于大人，家长应根据季节和天气变化调整着装。

○ 夏

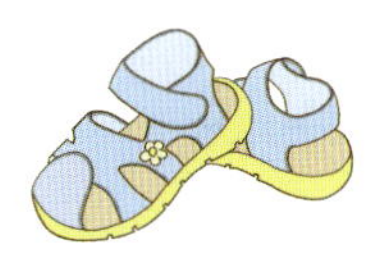

○ 冬

温馨提示：判断孩子穿衣是否合适的方法

新生儿手脚凉是正常现象，不能作为判断他（她）穿戴是否合适的标准。一般来说，如果新生儿颈部是温热的，说明穿衣合适；如果有汗，则说明穿得过多，需要减少衣物。

对于月龄较大的宝宝，活动状态下，如果面色红润，贴身衣服是温热的，说明衣服正好；如果面色红润，贴身衣服有些湿或多汗，说明衣服多了，应减少；如果面色不红润，贴身衣服干凉，则说明衣服太少，应适当增加。睡眠状态下，如果宝宝面色变白，躯体屈曲不舒展，头缩在衣服或襁褓里，表示感到寒冷，可稍稍增加衣服和被褥；如果孩子面色红润，被窝温暖，说明适度。

● 宝宝生病时穿衣有讲究

宝宝生病时，尤其是发热时，常有一个问题让父母犹豫不决：究竟发热时应该多穿衣服免得发抖，还是脱掉衣服帮助散热？其实，加减衣服要配合发烧的过程。当体温开始上升时，宝宝会觉得冷，此时应添加长袖透气的薄衫，同时，可以吃退烧药。服药半小时之后，药效开始发挥作用，身体开始散热，宝宝会冒汗感觉热，此时就应减少衣物，或者采用温水拭浴，帮助退烧。尽量让宝宝穿着棉质宽松的衣物，如果是躺着休息，只需盖薄被即可，若有出汗现象，要记住随时更换干爽衣物。

此外，还要牢记一点，“捂汗”退热不适合宝宝。因为宝宝的体温调节中枢、汗腺发育还不十分完善，用“捂汗”的方法，不但不能使体温下降，还会使体温骤升，导致高热惊厥的出现，尤其是小婴儿，还可能会危及生命。而且，大量出汗后，如果水分补充不及时，还会造成宝宝脱水。

● 宝宝衣物的洗涤与收纳

从宝宝出生开始，给宝宝洗衣服几乎是所有妈妈每天都要做的事儿。但是，你真的会洗衣服吗？0~3岁婴幼儿皮肤尚未发育完善，尚未发育成抵抗致病菌的第一道防线，具有抵抗能力差、容易过敏、容易吸收外物三大特点。这些特点让婴幼儿更容易受到衣物中有害物质的侵袭。妈妈在给宝宝清洁衣物时，如果像处理成人衣物那样随便，那么不仅会伤害宝宝肌肤，也可能影响到宝宝身体健康。

使用婴幼儿洗衣液洗。普通洗衣粉的主要成分是烷基苯磺酸钠和三聚磷酸钠，以石油化工产品为原料，一般呈弱碱性，去污效果越好碱性越强。用普通洗衣粉洗涤后的衣物呈碱性，而婴幼儿的皮肤是呈弱酸性的，因此会对宝宝的皮肤造成不良刺激。儿童的衣物宜选用婴幼儿洗衣液清洗。

杀毒最好用光照。许多妈妈喜欢借助增白和消毒剂使衣服显得干净，但这种办法并不可取，因为它对宝宝皮肤极易产生刺激，增白剂或消毒液进入人体后，能和人体中的蛋

白质迅速结合，不易排出体外。阳光是最安全的消毒剂，没有副作用，还不用经济投入。

漂洗是重要程序。无论是用什么洗涤剂洗，漂洗都是一道不能马虎的程序，一定要用清水反复过洗两三遍，直到无泡水清为止。

不与成人衣物混洗。婴幼儿的衣物，不要和成人的衣物一起洗涤，因为成人衣物上沾着更多细菌，同时洗的话细菌会附着在婴儿衣服上。建议单独洗婴儿的衣物，并用专门的盆。

污渍尽快洗。孩子的衣服上总会沾上许多果汁、巧克力渍、奶渍、西红柿渍等，这些污渍不易清除，但只要是刚洒上的，马上就洗，通常比较容易洗掉。如果过了一两天才洗，脏物可能深入纤维，洗不掉了。

○ 新生婴儿衣物清洗原则

· 在选择洗涤剂时，尽量选择婴幼儿专用的衣物清洗剂，以减少洗涤剂残留导致的皮肤损伤。注意按照商品标示的洗涤说明洗涤，比如稀释的比例、浸泡的时间等等。

· 不用除菌剂、漂白剂。除菌剂和漂白剂很难清洗干净，会在衣物中有残留。

· 漂洗一定要干净。如果没有彻底地将残留在衣服中的洗涤用品清洗干净，宝宝很容易出现皮肤损伤，特别是一些内衣内裤。

· 洗衣机里藏着许多细菌，宝宝的衣物经洗衣机一洗，会沾上许多细菌，宝宝可能会因此引起皮肤过敏或其他皮肤问题，因此，宝宝的衣物最好手洗。

○ 存放也讲究标准

将孩子的衣物洗晒好后，储放很关键，孩子的衣物不宜使用密封袋，因为封闭是发霉的祸根，衣物需要透气。可以使用木制衣柜，因为它透气性好，能保持衣物通风、干燥。不过人造板材的柜子中使用的黏合剂容易被纯棉衣服吸附，导致宝宝过敏或其他不适。所以，宝宝的衣柜最好是实木的，甲醛含量相对较低。

另外，宝宝衣柜中不宜放樟脑丸、芳香剂等，以免这些东西的气味或者物质残留进入衣物，引起宝宝皮肤上的不适。

居家环境与安全护理

对于宝宝来说，家不仅是一个生活场所，更是一个保护圈，可以保护自己远离外界的伤害和干扰。为了使宝宝健康成长，为其营造一个良好的居家环境、做好安全护理显得举足轻重。

给宝宝安全舒适的生活环境

给宝宝营造一个舒适的生活环境，是宝宝健康成长的一个前提条件。那么，怎样才能营造一个健康舒适的生活环境呢？在此过程中应注意哪些方面呢？对此，老观念中提出了独到的见解，一起看看老观念怎么说吧。

● 宝宝生活的环境应清洁卫生

对宝宝来说，一天的时间基本上都在室内度过，清洁、干净的生活环境成了首要要求。为此，爸爸妈妈们应保证宝宝居室内空气的新鲜，宝宝居室应离厨房远点，防止做饭时的油烟、煤气等给宝宝的眼睛和呼吸系统造成伤害。家里的垃圾、废物等应及时进行清理，下水道等应及时进行处理，以免滋生蚊虫、苍蝇等，造成室内环境的污染。另外，应让宝宝远离宠物等可能滋生细菌与病毒的东西。

● 给宝宝一个良好的活动空间

在宝宝学会爬行时，宝宝的活动空间不再局限于居室之内，为了使宝宝的活动范围不再受限，给宝宝创造一个特定的活动空间，让宝宝能够在自己的空间内活动自如。可考虑给宝宝创建一个特定的小房间或小区域，活动区域内需保持空气的通畅、阳光的充裕，尽量不摆放家具，可在地板铺上爬行垫，可悬挂一些色彩较鲜艳的图画，吸引宝宝的注意力，增加宝宝爬行的趣味性，同时能刺激宝宝视觉神经的发育。

● 定期给宝宝房间进行安全检查

为给宝宝提供一个安全的居住环境，需定期对宝宝的房间进行安全检查，消除安全隐患。如：检查宝宝的床上是否放置或拴有带子、绳子等物品，以免宝宝在床上玩耍时绊倒或勒住脖子；检查宝宝床上是否放置了大娃娃或者大玩具，以免影响宝宝的活动范围，睡觉时给宝宝带来窒息危险；检查家具、婴儿床的护栏等是否平稳坚固，以免宝宝磕伤摔伤；检查电源插座和开关是否加上了保护装置，以免宝宝触电，等等。

新思想 留意生活细节

细节往往决定成败。一些新思想的观念与此不谋而合，认为留意好宝宝生活中的各种小细节，有益于成功塑造一个安全环境，为宝宝的健康成长助力。让我们一起看看新思想中都提到了哪些生活细节吧。

● 小宝宝的睡床不要放太多东西

小宝宝的睡床放太多东西不仅会使宝宝睡觉时的活动范围受限，还会给宝宝的健康、安全带来一定的隐患。如：毛绒玩具很容易吸附灰尘、滋生螨虫，危及宝宝皮肤和呼吸道的安全。宝宝不仅在床上睡觉，而且有时还会在床上玩耍，放置太多的东西会使宝宝的活动范围缩小，给宝宝的睡眠和正常活动带来限制，甚至在活动时（如蹦跳），会形成障碍物，容易使宝宝摔倒撞伤等。最为严重的是，睡床上堆放太多的东西，宝宝在睡觉时无意识地翻身、改变睡姿，容易造成堆放物品堵住口鼻等呼吸系统，造成呼吸困难甚至是窒息。

● 给宝宝准备汽车安全座椅

由于宝宝生性好动且不具备安全意识，经常会坐在车内乱摸乱碰乱动，在汽车行进过程中，即使处于低速模式下也很容易磕磕碰碰，严重时可能会由于没有采取任何保护措施而发生意外。汽车安全座椅对宝宝的身体起到了一定程度上的固定作用，可以预防在汽车行进过程中宝宝因乱动而产生的意外。所以，在乘坐汽车时，应该给宝宝使用安全座椅。

● 家中不要随意摆放植物

绿色植物虽然能起到装饰屋子的作用，但是有些植物对于宝宝而言，是健康的隐形杀手。一些植物会导致宝宝出现过敏、中毒，如郁金香、含羞草。有的植物释放的香气会引起宝宝中枢神经的兴奋，引起失眠，如兰花、百合。

观念PK 新老观念对对碰

宝宝的一举一动都可以给家庭带来无限欢乐。尤其是当宝宝喜笑颜开、身体棒棒时，更是有着说不尽的乐趣。为了使宝宝开心、健康，家人往往会采取很多不同方法，如逗乐宝宝、给宝宝晒太阳。但由于采用的方式不同，新老观念难免会产生分歧。

逗宝宝笑得越开心越好 PK 一直逗宝宝笑不好

老观念： 笑是一种幸福感的体现。逗宝宝玩时，宝宝笑得越开心越好，宝宝越开心，大人也会越高兴。

新思想： 过分逗宝宝笑不好，容易给宝宝健康带来危害，甚至会发生笑过头而缺氧窒息的意外。

专家观点

宝宝适当地笑可以增加肺活量、增进呼吸肌的运动，有益健康。但过度逗笑时，会使宝宝出现短暂性缺氧，影响脑细胞发育。特殊时候逗笑，如进食、洗澡时，容易使食物或水随着气流进入气管，引起呛咳，使气管里有异物，严重时会诱发肺炎和肺脓肿，甚至窒息。同时，过分逗笑宝宝容易引起宝宝下颌脱臼。

不满 4 个月手脚不要露出来 PK 每天晒晒太阳有助于健康

老观念： 宝宝的皮肤十分娇嫩，暴露在太阳下或者经过风吹，很容易使宝宝的皮肤受到过敏、干燥等伤害。

新思想： 每天晒晒太阳，宝宝能够近距离接触大自然，也能通过阳光赶走身上的细菌，有利于宝宝的健康。

专家观点

阳光照射可以促进血液循环，阳光中的紫外线有助于维生素D的生成，能够促使宝宝对钙质的充分吸收，促进宝宝骨骼、肌肉的发育，预防小儿佝偻病。除此之外，每天出去晒晒太阳有助于宝宝出门活动，亲近大自然。但是，晒太阳时，需注意时间不能过长。

专家课堂 时刻避免宝宝出现意外

每个宝宝都是父母的心头肉，在育儿的过程中容不得宝宝出现任何意外。从爬行到学会直立行走，不只是宝宝在这样的过程中本身会有发生意外的倾向，实际生活环境也确实是“危机四伏”。因此，宝宝起居住行的各个方面都应该谨慎对待，避免出现意外。

● 给宝宝营造安全的居家环境

一个良好的居家环境，能为宝宝创建一个安全保护障。为了给宝宝创造一个安全的居家环境，家里的各个角落都不能忽视。下面简单介绍一下各个空间该怎样去营造：

首先，无论居室、客厅、厨房还是阳台、浴室都应保持充分的空气流畅。居室、客厅、阳台应保持充足的阳光。其次，各个空间的营造也应区别对待。

○ 居室、客厅、厨房

易燃易碎物品、尖锐锋利物品、药物、热汤热水等应放在宝宝够不到的地方，以免宝宝触碰，发生危险；瓷砖地板上铺上防滑垫，防止宝宝摔倒；电器的电源、插座等应及时拔掉，未使用的插孔用绝缘材料堵上，防止宝宝触电；家具的锐角用防撞条等包裹上，防止宝宝撞伤……

○ 浴室

在浴缸和淋浴间铺上橡胶止滑垫，浴室里的踏脚垫应该防滑，浴室电器不能碰到水，洗浴用品和化妆品放在小孩子够不到的地方，盖上马桶盖（小孩可能把头伸进马桶里），漱口杯和肥皂盒采用塑料制品，洗完澡马上把浴缸内的水放掉……

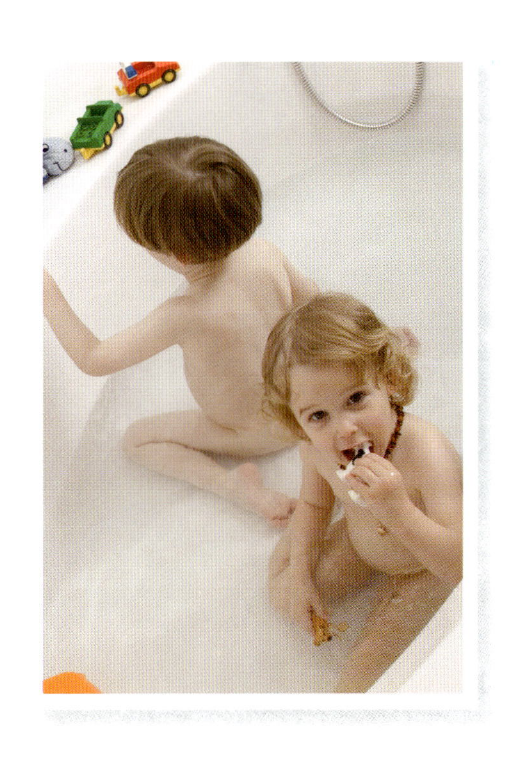

○ 阳台

可在阳台与门廊的栏杆上加装护栏，同时护栏的间隙应小于宝宝的头部大小，避免宝宝将身体或头部挤出栏杆，发生危险。有落地窗的应确认窗户是否已被关紧，以防宝宝推开窗户摔下去。

给宝宝选择安全的婴幼儿用具

婴儿用品是宝宝天天触碰的东西，使用过程中出现不安全因素时，最容易对宝宝造成直接的伤害。下面以婴儿床和玩具为例，看看在给宝宝选择用品时应该注意什么，以规避危险的发生。

床

应选择栏杆能上下调整、床栏间距不超过 6 厘米，护栏高度不低于 55 厘米的婴儿床。栏杆应选择较为平整的，不能突出或交叉，以免使宝宝受伤。避免选择涂有颜料、油漆的床，此类床含有化学有害物质，很有可能使宝宝在舔、咬栏杆时发生中毒现象。同时，整张床的木头表面应该没有裂缝或突起的小刺，以免宝宝受伤。

玩具

给宝宝的玩具不能过小，最好不要带有小零件，以免让宝宝误吞而造成窒息；不能易碎，不要有锋利的边缘、碎片，以免使宝宝在玩耍过程中造成划伤；选择的玩具要符合宝宝的发展阶段，勿选择飞镖、弓箭这一类的玩具，容易使宝宝伤到眼睛或刺到身体；玩具的材质必须安全，避免宝宝在触摸和舔咬时产生过敏和中毒；同时应尽量避免给宝宝过大的毛绒玩具，以防玩耍时产生窒息等危险。

放好家中的药物及危险物品

对于宝宝来说，吃和触碰也是认知世界的一种方式，很多宝宝往往会见到什么就拿，想吃什么就往嘴里塞。一些药品及危险物品如果存放不当，宝宝拿到后就很容易往嘴里塞，导致宝宝出现中毒等状况，严重时会有生命危险。因此，药品和化学物品（如家用清洁剂、洗衣粉等）应放在宝宝触不到的地方或上锁的抽屉中，在使用这些物品时也要注意看护好孩子，避免宝宝将其当成糖果或饮料食用。热汤、热水等应放在宝宝够不到的地方，以免在触碰过程中烫伤宝宝。易燃、易碎物品也应存放好，以免宝宝受伤。

关于空气净化器和空调的使用误区

为了使宝宝远离细菌、感冒等的困扰，很多父母在为宝宝选择的电器名单里，往往都会加上空气净化器和空调。殊不知，往往在平时自以为正确的常识里就存在一些使用误区，最后的使用效果反而会适得其反。以下内容就是关于空气净化器和空调的使用误区：

认为使用空气净化器就一定可以改善室内空气质量

很多人认为室外空气污浊，室内使用空气净化器可以过滤掉污浊的空气和颗粒物。其实不然，室外的空气虽细菌种类繁多，但空气通畅，不至于致病。空气净化器虽然会在一定程度上改善空气质量，但起不到杀菌作用。在使用空气净化器的过程中，一些细菌、病毒、霉菌和颗粒物会被过滤器一起阻挡，这些病菌会以颗粒物为食，在室内温热的环境下繁殖，繁殖达到一定数量后就会进入室内。细菌和病菌会致病，霉菌则有可能导致过敏。如果家中使用了空气净化器，滤芯应根据厂方说明定时更换，滤网也要定时清洗。另外，家里也要定时通风，还需定时带宝宝外出。

宝宝从外面回家立刻开空调

夏天室外空气灼热加上运动，往往会让宝宝大汗淋漓。很多父母会带着流汗的宝宝直接进入空调房来降温。其实，经历冰火两重天，宝宝体内的热量更容易产生堆积，出现中暑、高热、头晕、肠胃不适等感冒症状。宝宝从外面大汗淋漓回来时，可先给宝宝擦干身上的汗或洗个热水澡。待宝宝恢复正常体温，适应了室内温度后再进入空调房。

吹空调时，空调温度应不时地调整，宝宝的衣服也应不时地增减

炎热时，有些家长总是把空调温度调得很低，但又害怕冻着宝宝，就给宝宝穿上厚衣服。这时，宝宝的头部仍处于一个相对低温的环境中，会吸入大量干冷空气，由于呼吸道、口腔跟内部脏器相连，往往会造成“脏器感冒”。同样地，寒冷时，很多家长会把空调温度增到很高。其实，这样的大幅度变化会使宝宝的身体不能及时地适应温度的变化，反而容易使宝宝生病。

推宝宝车上路应注意安全

带宝宝外出时，宝宝车充当了宝宝的交通工具，也充当了妈妈的好帮手。这个帮手能给妈妈省去不少体力，却也在上路时需要妈妈们及时指导，把控好这个帮手的行动，保证在帮到妈妈的同时，不会给宝宝带来安全隐患。

推着宝宝车过马路时，切勿焦急行动，应在绿灯亮起时走人行道通过。人行道处没有红绿灯时，应观察好车辆来往情况，选择一个安全的时机过马路，在下马路时父母应自己先下然后再让宝宝车下，并且整个过程中，手绝对不能离开宝宝车。推着宝宝过马路时，应尽量走在人行道的中间位置，这样视野开阔，方便司机发现自己和宝宝。

在路上行走的过程中除了过马路需要留意以外，其他时候也应注意：经过停车场出入口时，父母可使身体处在宝宝车前端，双手扶住宝宝车，身体前倾，探头查看是否有车辆经过，确认后再通过；在行走时尽量靠近马路一侧，避免过往车辆不慎撞到；行走过程中尽量避免跟在车后，汽车尾气会对宝宝的皮肤和呼吸造成伤害，汽车刹车或倒退时容易发生意外；路过施工工地时，尽量绕开行走，以避免宝宝吸入尘土，同时保证宝宝的人身安全；推着宝宝车停靠时，尽量避免将宝宝车停靠在车辆旁，因为宝宝车太低，停靠在车辆旁容易进入开车司机的视觉盲区。

带宝宝出门游玩注意事项

出门游玩时，必须带上的一样东西就是——好心情。当一切准备妥当，才能为出行添上几分愉快的色彩。因此，带宝宝出门前应做好充足的准备，包括携带好出行必需品，还应提前考虑好应该注意的事项。

宝宝穿着要检查

在宝宝游玩的过程中往往会由于衣服穿着不当而引起意外或事故。如：行走或奔跑时，裤子裙子过长、衣服过紧过宽会导致宝宝绊倒；乘坐游乐设施时，宽松衣服、系带衣物、帽子等容易附着在机器上引发危险和事故。因此，出门游玩时，最好给宝宝选择舒适合体、方便活动的衣服。裤子不要太长，裤脚最好收紧。女宝宝最好不要穿长裙，裙摆不宜过大。鞋子应柔软、轻便、合脚、防滑。

游玩设施要检查

在宝宝游玩之前，父母们最好先对相关设施进行一番查看，包括：查看设施的高度是否安全，设施本身是否适合宝宝该年龄阶段进行玩耍，设施的各个部分的零件是否齐全等。如：玩滑梯时，检查两侧扶手的高度是否能保证宝宝滑行过程中不被飞出梯外；玩跷跷板时，检查器械是否生锈、零件是否松落、土壤是否松动，保证宝宝在玩耍时不被摔下。

互动情况要留意

通过与其他宝宝的互动，宝宝往往能建立一个自己的小小朋友圈。但是在与其他宝宝玩耍时，父母们应注意留心观察，以减少跌倒或擦伤等情况的发生。

卫生清洁要注意

宝宝玩耍过程中要注意保持环境和宝宝自身的清洁，以免感染疾病。在进行一些手触类的活动过程中，如：玩沙、彩绘时，应注意防止宝宝将沙石或颜料等物质吃入口中，以免给食道或呼吸道造成意外。

勿让宝宝离开视线范围

在带宝宝出去游玩时应让宝宝保持在自己的视线范围内，一旦宝宝离开视线范围，脱离了大人的监护，宝宝很容易发生走丢等危险，严重的时候还会发生各种意外甚至威胁生命安全。

Chapter 3

老观念＋新思想，为宝宝构筑健康防火墙

每个妈妈都希望自己的宝宝吃饭香、身体棒，看着他（她）一天天健康成长。可人吃五谷，宝宝难免会有不舒服，稍有疏忽就可能置他（她）于危险的环境。要做一名合格的保健医师，妈妈需要掌握一些保健护理常识和小儿疾病的应对方法，以备不时之需，让更有“科学含量”的爱为宝宝构建起专属他（她）的健康防火墙。

宝宝日常保健护理常识

爸爸妈妈就是宝宝的第一位家庭医生，每当宝宝的健康出现状况的时候，爸爸妈妈们就需要对宝宝进行正确的观察和照护。家长们提前学点日常保健护理知识，实在很有必要，只有这样才能未雨绸缪，防患于未然。

时刻关注宝宝的健康状况

很多东西可以体现宝宝身体状况的蛛丝马迹，传统观念提倡仔细观察宝宝的身体情况，通过表面呈现的症状，判断宝宝目前的健康状况。比如，宝宝的舌头、大便、睡相、指甲等的情况，都是健康的晴雨表。

及时发现宝宝生病的迹象

生病的宝宝多多少少会与平时有所差异，爸爸妈妈们要留心观察，及时发现宝宝生病的迹象：

→ 发烧　如果发现婴儿面色潮红，额头有些热，应该及时为婴儿量一下体温。腋温超过37℃、肛温超过38℃就有必要就医诊治。

→ 面容憔悴　和平时红润的小脸蛋比起来，宝宝的脸色暗淡、嘴唇颜色也不好。

→ 精神萎靡　逗他（她）不笑，甚至耷拉着脑袋，昏昏欲睡。

→ 嗜睡或睡眠不安　健康婴儿的睡眠状况都很好，睡眠时间足，睡醒后精神很好。

→ 行为改变　比如，每天在室外玩得很好，而现在却光躺在家里不愿意出去。

→ 暴躁不安　如果不饥饿，尿布也不湿，却一味地哭闹，怎么安慰都没有用，这时就要引起注意了。

→ 胃口不好　宝宝的食欲有时没准，如果只是一次吃得少不必担心。真正的食欲不振时，宝宝会表现出没精神、心情也不好。

→ 皮疹　如果宝宝身上长出了原因不明的疹子，伴随着红肿、痛痒，需要引起注意。

→ 腹泻　宝宝排便次数增多，并且大便变稀，还伴随着出现哭闹、进食差、睡眠不安等不适症状，体重增长也受到影响。

→ 呕吐　一般的吐奶不必太担心，如果吐奶伴随着发烧、没有精神、头痛、痉挛等就要及时就医。

学会观察宝宝的舌头

正常健康的宝宝的舌体应该是大小适中、舌体柔软、淡红润泽、伸缩活动自如，而且舌面有干湿适中的淡淡的薄苔，口中没有气味，一旦宝宝患了病，舌质和舌苔就会相应地发生变化。

地图舌

所谓地图舌，就是有的宝宝舌面上会出现不规则的，红白相间的，类似地图形状的东西。地图舌的成因一般与疲劳、营养缺乏、消化功能不良、肠寄生虫、B族维生素缺乏有关，所以出现地图舌的宝宝一般体质都比较虚弱。

沟纹舌

所谓沟纹舌，就是在宝宝的舌部出现深浅、长短不一的纵、横沟纹，可出现刺痛感。目前，沟纹舌的成因依然不明，常认为是先天性的，而且可能与地理条件、维生素缺乏或摄入的食物种类等有关。

宝宝乳白色的舌苔属于正常现象，妈妈不要过于紧张。有的宝宝吃了某些药品或食物，往往也会使舌苔变色，如喝橘子水、吃蛋黄后舌苔会变黄厚，这些不属于病苔。

宝宝大便中透露的健康讯息

母乳喂养的宝宝，大便呈黄色或金黄色软膏状，有酸味但不臭，有时有奶块，或微带绿色。人工喂养的宝宝，大便呈淡黄色或土灰色，均匀硬膏状，常混有奶瓣及蛋白凝块，略有臭味。

如果宝宝的大便出现下列异常，应及时就医：带有脓血的黏液大便，大便次数多但量少，可能为细菌性痢疾；大便呈果酱色或红色水果冻状，可能患了肠套叠；大便颜色太淡或淡黄色近于白色，可能是黄疸；大便发黑或呈红色，可能是胃肠道出血；大便灰白色，有可能为胆道梗阻或胆汁黏稠或肝炎；大便带有鲜红的血丝，可能是大便干燥，或者是肛门周围皮肤皲裂；大便淡黄色、呈糊状、外观油润、内含较多的奶瓣和脂肪小滴漂在水面上、大便量和排便次数都比较多，可能是脂肪消化不良；大便黄褐色稀水样、带有奶瓣、有刺鼻的臭鸡蛋味，为蛋白质消化不良。

● 从宝宝的睡相看健康

宝宝在睡眠中出现的一些异常现象，往往是在向父母报告自己将要或已经患了某些疾病，父母应该学会从宝宝的睡相来观察他（她）的健康情况。

睡觉时出汗。其实，宝宝夜间出汗是正常的，但如果大汗淋漓，并伴有其他不适，比如四方头、出牙晚、囟门关闭太迟等，就要注意了。

四肢抖动。一般是白天过度疲劳所引起的，不必担心。

不断咀嚼。宝宝可能是得了蛔虫病，或是白天吃得太多，消化不良，可以去医院检查一下。

手脚指抽动且肿胀。可能是手脚指被头发或者纤维丝缠住，或被蚊虫叮咬。

突然大声啼哭。这在医学上称为婴儿夜间惊恐症。如果宝宝没有疾病，一般是由于白天受到不良刺激，如惊恐、劳累等引起的。

耳朵炎症或湿疹。宝宝睡眠时哭闹，时常摇头、抓耳，有时还发烧，可能宝宝患了外耳道炎、湿疹或是中耳炎。

● 从宝宝的指甲看健康

正常宝宝的指甲是粉红色的，外观光滑亮泽，坚韧呈弧形，指甲半月、颜色稍淡，甲廓上没有倒刺，轻轻压住指甲的末端，甲板呈白色，放开后立刻恢复粉红色。

指甲上出现白色斑点，可能是宝宝缺锌；指甲的甲板上出现白色斑点和絮状的白云朵，多是由于受到挤压、碰撞，致使甲根部甲母质细胞受到损伤导致；指甲变成黄色，可能是宝宝患了黄疸性肝炎或者吃了大量的橘子、胡萝卜；指甲若呈紫红色，可能是宝宝患了先天性心脏病或亚硝酸盐中毒引起的肠原性青紫；指甲呈深红色，宝宝可能患了红细胞增多症。

另外，宝宝指甲出现横沟，指甲变薄变脆，指甲上出现小凹窝，甲板上出现脊状隆起、高低不平，甲板增厚，指甲变软、变曲等都属于异常情况，提示宝宝的健康状况出现了问题，需要及时诊治。

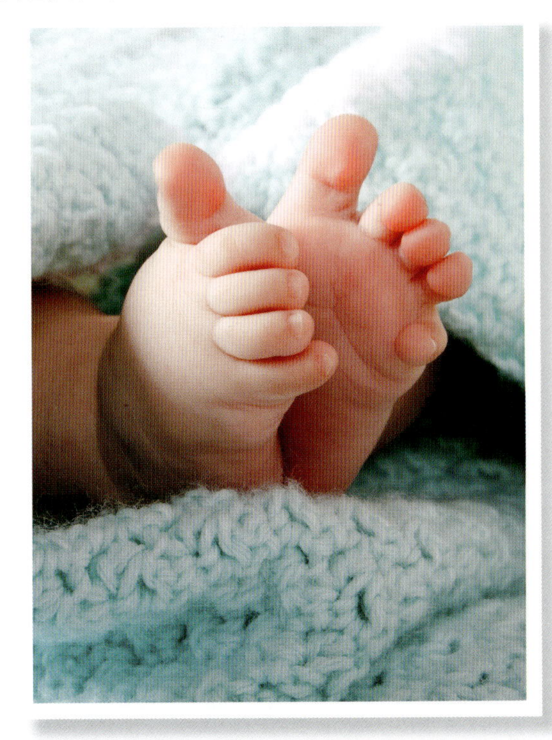

新思想 用爱与知识守护孩子的健康

孩子年幼，腑脏娇弱，气形未定，抵抗力差，容易受到各种细菌、病毒的侵袭。爸爸妈妈在照顾孩子时，难免遇到他们生病不适的情况。这时，盲目的爱并不能解决问题，家长们需要掌握更多的医学常识，用科学武装自己，给孩子适当的帮助。

多了解一点儿科护理常识

许多年轻的爸爸妈妈在生宝宝之前，一点育婴知识和技术都没有，育儿经验更无从谈起。当宝宝生病了，往往手足无措，或只会一味地送往医院。

其实，新手爸妈要明白，对小儿来说，医疗一定是医生和监护人协作完成的动作。作为家长，学点儿科护理常识总是有好处的。当宝宝发烧了，你得知道安全有效且简便易行的降温措施，知道什么时候该吃药，什么时候该送医；当感冒流行季，你得知道基本的感冒预防措施；当你抱着宝宝就医时，你得知道该怎么跟医生沟通……

新手爸妈不妨多读一些育儿书籍，了解一些医学常识、孩子成长各个时期的生理特征、喂养方法以及可能会遇到的问题。如果有时间，可以多和别人交流育儿心得，讨论一下彼此遇到的育儿问题，集思广益，更有利于解决育儿问题。

记录宝宝的成长和健康状况

孩子生病的原因很复杂，但疾病发生规律几乎是一致的。只要能找到这个规律，及时有效地预防，就可以在防治上少走许多弯路。细心的家长平时不妨仔细观察孩子生病前、生病后的各种症状，详细为孩子记录生病日记，包括孩子的用药情况，照护过程中的大小事，整理成宝宝健康手册或育儿日记。一方面，可以记录孩子的成长点滴，方便在家照顾孩子；另一方面，可以为医生提供充分的病情记录，帮助医生诊断，让孩子得到合理的治疗。

给宝宝准备专用家庭小药箱

为了能给宝宝更好的居家照护，不妨为宝宝准备一个专用家庭小药箱，备一些常用药物和工具，以备不时之需。当然，家长在给宝宝选用备用药时要特别慎重，应遵循安全可靠、毒副作用少、服用方便、疗效确切、数量品种适当、容易贮存、谨防伪劣等选药原则。在小儿科医生的指导下选用家庭儿童备用药就再好不过了。

这里推荐一个您可能用得上的药箱清单：

药物

- **退热药：**泰诺林（对乙酰氨基酚）、美林（布洛芬）
- **抗过敏和皮疹药物：**开瑞坦（氯雷他定）
- **口服补液盐：**用于年龄小于1岁的宝宝
- **止咳药**
- **激素类软膏：**凡士林膏等
- **抗生素皮肤软膏：**红霉素软膏等
- **抗真菌皮肤软膏：**达克宁等

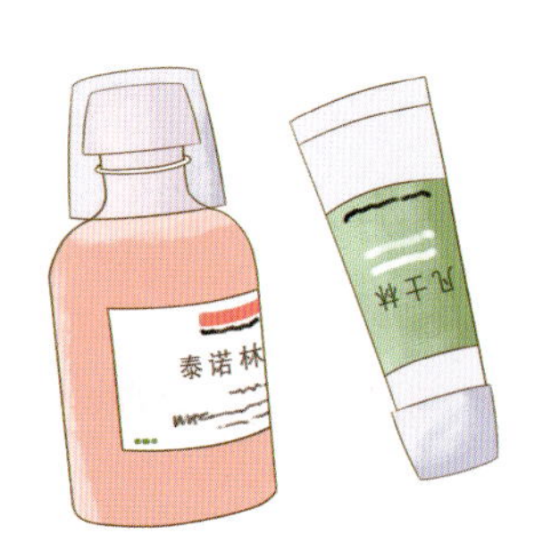

工具

- **给药用的量具：**滴管、有刻度的药匙、注射器、计量杯
- **绷带：**各种尺寸的绷带和纱布
- **鼻腔注射器和含盐滴鼻剂**
- **喷雾器**
- **冰袋**
- **钝头镊子**
- **体温计**
- **手电筒**
- **剪刀**

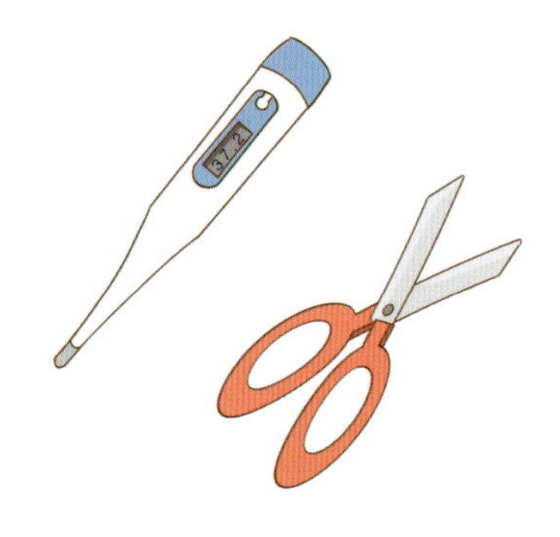

宝宝药箱应置于安全干燥、方便取放的地方，避免阳光直晒，最好放在宝宝拿不到的地方。标签要清楚，标签不清楚的要及时更换或不用，内服、外用药分开放置。使用药箱中的药品时最好先咨询医生的意见。每2~3个月要检查一次，确认其中是否有物品已经过期或已用完。

为孩子挑选合适的医生

宝宝还小，体质较弱，感冒、发烧、拉肚子是难免的，最好固定一名医生为宝宝看诊。为宝宝选择的医生应该是经验丰富的儿科医生，因为他（她）对宝宝各年龄段疾病了解多，治疗起来也更得心应手。如果你的宝宝从小到大一直都固定找他（她）看病或保健，他（她）就会对宝宝的健康状况，包括病史和过敏史都非常了解，会像朋友一样提醒家长可以给宝宝什么样的饮食和运动健康，应该接种哪种疫苗等。家长在育儿中的任何问题都可以从他（她）那里及时得到回复。

如果家庭条件允许，聘请一位家庭医生来照顾一家人的健康是最好不过的。家庭医生，即私人医生，是对服务对象实行全面的、连续的、有效的、及时的和个性化医疗保健服务和照顾的新型医生。家庭医生能够做到对家庭中每一个成员（包括宝宝）的健康情况了如指掌，应对疾病的时候能够给出最有效的治疗建议。

定期进行健康检查和疫苗接种

定期健康检查是保护、促进儿童健康成长的重要措施，通过定期健康检查，可了解儿童的体格生长情况、神经心理发育是否正常，儿童营养是否合理，指导家长如何给孩子进行预防接种，有效地防止各种传染病的发生。在每次检查过程中，医生会告诉家长目前孩子有哪些不利于健康的危险因素，并指导应如何去除这些危险因素，以保证孩子健康成长。

免疫接种是预防宝宝得传染病的有效方法，它能刺激宝宝的免疫系统，使宝宝产生对抗相应细菌或病毒的抵抗力。

儿童疫苗接种一览表

疫苗名称		接种对象月（年）龄	接种途径	备注
必须接种的疫苗	乙肝疫苗	0、1、6个月	肌肉注射	出生后24小时内接种第1剂次，第1、2剂次间隔≥28天
	卡介苗	出生时	皮内注射	
	脊灰疫苗	2、3、4个月，4周岁	口服	第1、2剂次和第2、3剂次间隔均≥28天
	百白破疫苗	3、4、5个月，18~24个月	肌肉注射	
	麻疹疫苗	8个月	皮下注射	

疫苗名称		接种对象月（年）龄	接种途径	备注
可选择接种的疫苗	乙脑减毒活疫苗	8个月，2周岁	皮下注射	
	A群流脑疫苗	6~18个月	皮下注射	第1、2剂次间隔3个月
	A+C流脑疫苗	3周岁，6周岁	皮下注射	2剂次间隔≥3年；第1剂次与A群流脑疫苗第2剂次间隔≥12个月
	甲肝减毒活疫苗	18个月	皮下注射	

给宝宝接种之后，要给宝宝减少喂食、多多喝水，减少活动、多休息，并且在24小时之内不要给宝宝洗澡。

→ 宝宝有以下情况的不宜接种：

· 体温超过37.5℃的宝宝；

· 患牛皮癣、皮肤感染、严重皮炎、湿疹的宝宝；

· 患有心脏病、肝炎、肾炎、活动性结核病的宝宝；

· 脑或神经系统发育不正常，有癫痫病的宝宝；

· 重度营养不良，严重佝偻病、先天性免疫缺陷的宝宝；

· 过敏体质及患哮喘、荨麻疹的宝宝；

· 正在腹泻的宝宝，不宜服用小儿麻痹糖丸，必须待病好后2周，方可服用；

· 腋下或颈部淋巴结肿大的宝宝。

● 加强家庭隔离与消毒

宝宝年龄小，无自我保护意识，抵抗力也弱，因此外界流行什么病，宝宝就容易得什么病，其中呼吸道疾病和消化系统疾病是儿科、特别是婴幼儿最常见的疾病。如果每个家庭都能注意做好预防工作，加强家庭隔离和消毒，就可大大减少这两类疾病的发病率。

日光消毒法

日光消毒法是利用日光中紫外线的消毒杀菌作用对物体消毒。通常情况下，物品在无遮挡的阳光下曝晒6个小时，就会起到消毒杀菌的作用。所以，宝宝的枕头、被褥、毛毯、棉衣裤、毛衣裤、玩具等可经常在阳光下曝晒。

沸煮消毒法

沸煮消毒法主要适用于小儿的食具以及能沸煮的用具，如奶瓶、碗筷、匙、纱布、毛巾等。此方法方便可靠，通常将食具或用具浸没在水里，沸煮20~30分钟后即可起到杀菌的作用。

酒精消毒法

75%酒精杀菌效力最高。常用于皮肤消毒的酒精浓度以75%为宜。此浓度也可用于钳、镊子和体温表的浸泡，浸泡30分钟取出，然后用流动冷开水冲洗干净，擦干后备用。注意浸泡液每周应更换2次，并加盖保存，以免酒精蒸发而失效。

碘酒消毒法

碘酒具有较强的灭细菌和杀霉菌的作用。用于静脉穿刺前和皮肤疖肿早期的消炎，以2%浓度为宜。使用时先将2%碘酒涂擦于需消毒的皮肤，待20~30秒钟，再用75%酒精脱碘即可。不过，幼小婴儿由于皮肤娇嫩，应尽量少用碘酒消毒。

漂白粉消毒法

常用于饮水、食具、痰盂等消毒。0.003%~0.015%的浓度可用于饮水消毒。0.5%的浓度可用于食具、痰盂、便盆等的消毒，一般浸泡30分钟。若肝炎患儿的食具应用1%~2%浓度的漂白粉浸泡1~2小时。对肝炎等传染病人的排泄物，干粪按2:5，稀便按1:5，搅拌，加盖放置2小时；尿液则每100毫升中加入漂白粉0.5~1克，放置10分钟。

观念PK 新老观念对对碰

在孩子日常保健领域，充斥着各种各样、五花八门的老经验与新思想，它们中的很多还是各执一端、大相径庭。到底是该给宝宝穿多点捂得严严实实好，还是捂太多容易生病？孩子病了，该少打针吃药，还是输点液尽快痊愈比较好？快来听听专家怎么说吧！

给宝宝多穿点不容易生病 PK 捂太多容易生病

老观念：宝宝年幼，身体娇弱，抵抗力低下，一吹风就容易感冒生病，只有多穿点，才能保证他（她）不容易感冒。

新思想：孩子不能冻着但也不能穿太多，捂得太紧，宝宝容易经常流汗一样容易生病。

专家观点

孩子的衣物应该根据季节和天气变化及时添减。穿太少容易着凉、捂得太多也不利于健康。给宝宝穿衣服应该掌握体感舒适的原则。

孩子病了少打针吃药 PK 输液才能好得快

老观念：打针吃药虽然减轻了孩子的病痛，但很可能给孩子的身体带来副作用。

新思想：相比吃药和打针，输液是好得最快的一种治疗方法。孩子病了就应该赶快输液。

专家观点

生病在让人体受到伤害的同时，也有提高人体机能的作用。人体是有一定的自愈能力和免疫力的，如果一生病就输液，很可能干扰宝宝正常的防御功能。所以，不到非输液不可的情况尽可能少输液。

症状好了就不吃药 PK 医生开的药要吃完

老观念：吃药多了对身体没好处，所以孩子生病了，只要症状好了就可以停药了。

新思想：医生开的药要吃完，否则可能带来病情的反复，不利于宝宝康复。

专家观点

通过药物治疗，疾病的症状消失了，但并不代表病已经被治愈。为了达到更好的治疗效果，父母可以先咨询医生，以了解哪些药物在症状消失了就可以不吃，而哪些药物需要吃够疗程，并严格遵照医嘱服药。

用奶喂药宝宝会喝 PK 用奶喂药影响疗效

老观念： 药有苦味，宝宝对药会很抗拒，和在奶里面一起吃就能让宝宝不知不觉地吃下去，而且喝奶也没有什么副作用。

新思想： 不能用奶喂药，虽然孩子肯吃，但是却会影响药物的疗效，得不偿失。

专家观点

能不能用奶喂药要视情况而定。有的药物有可能跟牛奶的某些成分发生不良反应，这样会降低药物的疗效，因此有些药物需要跟奶间隔1小时再吃。现在很多宝宝的药口味都比较甜，直接喂也不会有很大的困难。而对于那些脂溶性的药物，则可以跟奶一起服用，能增加吸收率，但也并不是简单地为了增加婴儿对药的接受程度。

捏鼻子灌药 PK 捏鼻子会让孩子窒息

老观念： 孩子不吃药，最简单的办法就是捏着鼻子灌下去，保证吃得又快又好，家长们也省事。

新思想： 捏住鼻子相当于强制宝宝张嘴，喂药喂得太急宝宝可能会窒息。

专家观点

捏鼻子灌药不可行，用这种方法让宝宝喝药不科学。给宝宝喂药，宜采用温和的方式。如果孩子不肯吃药，可以将药溶解在糖水里或者买个专用喂药器，趁宝宝大笑或张嘴时将药喂进宝宝口中。

宝宝不能随便吃驱虫药 PK 肚子里有寄生虫就要吃药

老观念： 宝宝还小，不能随便吃驱虫药，会对身体造成不良影响，弊大于利。

新思想： 只要确诊肚子里长了寄生虫，就应该及时吃药打虫，以免虫子影响宝宝的身体健康。

专家观点

肠道寄生虫病，是小儿常见病，大部分的儿童都有过不同程度的感染。为了给孩子打虫，不少家长便会自行选择给孩子服用驱虫药。对此，专家提醒在用驱虫药前必须经过大便化验，弄清体内是否存在寄生虫。家长若想给孩子驱虫，最好带孩子到医院，遵医嘱用药。

专家课堂 父母是孩子最好的医生

如果每一位父母都能掌握儿科基本的医学常识和相应的护理技巧，那么由父母来扮演孩子的医生的角色是最好不过的。因为，父母对自己孩子的喂养情况、行为习惯、性情兴趣都最了解，能够很方便地做出准确的判断和采取恰当的措施。

掌握基本的家庭监测技巧

日常生活中，爸爸妈妈要掌握一些诸如测量体温、呼吸、脉搏、血压的方法，这样能更好地对宝宝的健康状况进行监测与观察。

测体温

目前测量体温的方法主要有口腔测温、腋下测温和肛门测温。由于腋下测温方便，体温表也容易消毒，已被大多数家庭所采用。测量时，将腋表的水银柱头放在腋窝中心部，然后教宝宝将臂下垂，紧紧夹住，测量时间应在 5 分钟以上，取出后检查刻度并记录下来。如果腋窝部夹得不紧，或腋窝部有汗，或夹住体温表时间过短，都可能影响测量的准确性。在测量前还应检查水银柱的刻度是否在 36℃以下。

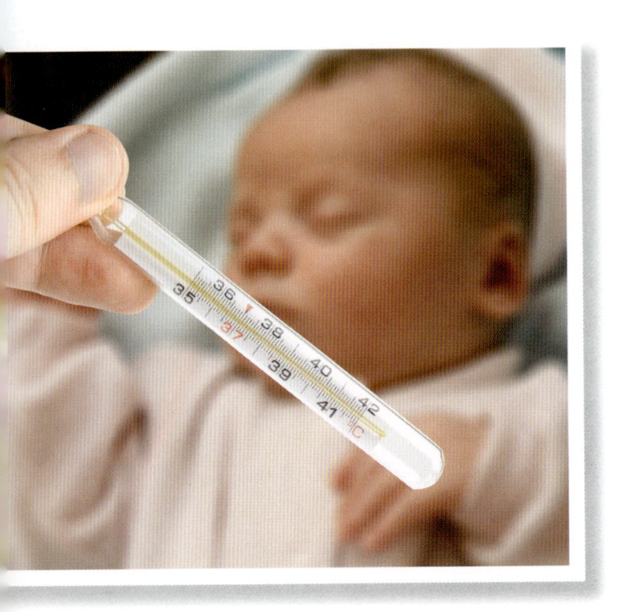

测呼吸

测量小儿呼吸频率，爸爸妈妈可观察小儿胸部或腹部起伏的次数，一呼一吸为一次。除计算呼吸次数之外，还应观察其深浅及节律是否规则。一般每呼吸1次，心跳和脉搏3~4次为正常情况。

测脉搏

数脉搏时，家长可用自己的食指、中指、无名指按在小儿的动脉处，其压力大小以摸到脉搏跳动为准。常用测量脉搏的部位是手腕腹面外侧的桡动脉或颈部两侧的颈动脉。

测血压

小儿年龄越小血压越低，并随年龄增长而逐渐升高。一般4岁以上小儿血压可采用下列公式推算：收缩期血压=[（年龄×2）+80]×0.133千帕，此数的2/3为舒张期血压。若收缩压高于或低于此标准2.67千帕，则分别为高血压和低血压。

带孩子看病的基本常识

当父母发现宝宝有异常情况的时候，决定就诊时间是非常关键的。有的父母觉得宝宝是小毛病，不需要就诊，因此耽误了就诊的时间，导致宝宝病情恶化。当你不能确定宝宝病情的严重程度时，最好还是带宝宝到医院就诊，切不可盲目地自行处理。当宝宝出现下面的情况时，一般就需要带孩子去看病了。

发烧

假如你的宝宝小于3个月，腋下测量体温超过38℃，不要犹豫，马上带他（她）到医院就诊。3个月以上宝宝发烧超过39℃，也要马上就医。需要提醒妈妈注意的是，如果宝宝刚刚注射了疫苗，也有可能出现发烧的症状。但这样的发烧体温一般不会很高，即使很高，在注射疫苗后的36~48小时内也会自行退烧。

持续呕吐

如果宝宝多次持续呕吐，甚至吐空所有胃中的食物，妈妈就应考虑带宝宝去医院看医生了。假如宝宝呕吐呈喷射状、呕吐物中带血或呈黄绿色，呕吐后出现神志不清的症状，则需要马上带宝宝去医院看急诊。

持续咳嗽

如果宝宝咳嗽剧烈、伴随喘鸣，或者持续咳嗽，不见缓解，甚至出现呼吸困难（表现为鼻孔张大，呼吸时胸部起伏，吸气时发出呼噜声等），则需要马上带宝宝去医院就诊。

出疹子并伴有发烧

如果宝宝身上的疹子看上去像是小红点，并且在出疹子的同时伴有发烧的症状的话，则可能是较严重的细菌感染，需要马上就医。

大便异常

（参见前文P103“宝宝大便中透露的健康讯息”）

嗜睡

如果宝宝昏昏欲睡、精神萎靡、眼睛无神、食欲减退、脸色苍白，并且表现得很烦躁，则提示宝宝可能出现了严重的感染，需及时就医。

持续的腹部疼痛

如果宝宝腹痛持续2小时以上没有缓解，并逐渐加剧，则要及时带宝宝到医院就诊。

眼睑红肿

如果宝宝眼睑红肿并伴有发烧，则考虑可能患上眼眶蜂窝织炎，需马上就医。

带孩子看病的注意事项

家长在带孩子看病的过程中也要掌握一些基本常识，才能更好地配合医生的诊治。如果一个家长对自己小孩的基本症状都不知道，如何才能给医生更精准的判断呢？如何才能使自己的小孩更快的好起来呢？因此，家长需要尽可能向医生提供孩子病症的有关情况。

○ 准确提供病史

带孩子去看医生，家长希望孩子身体能快速恢复，首先就要把孩子的状况准确地提供给医生。孩子的状况，不是在看医生之前才回顾，在发现孩子生病的时候，在家里就要记录一下。例如，“孩子昨天发烧了，给孩子洗了温水澡，进行了物理降温，吃了某种药。”

○ 要选择适宜治疗而非最快治疗

适宜治疗，是指疾病痊愈速度虽然偏慢，但预后良好，不会引起远期健康问题的治疗。而最快治疗就是能用最快速度缓解症状的治疗。对待疾病，需要的治疗是适宜治疗，家长不能一味求快，不顾孩子远期健康。

○ 能选物理治疗就尽量不服药

物理治疗意味着不用药物，而是用日常生活中的一些方法作用于人体，以达到预防和治疗疾病的目的。相比用药，物理治疗能更好地提升人体的防御机能，而且一般没有副作用。对于婴幼儿常出现的发热、咳嗽等，家长都可以跟医生商量采用物理治疗。

○ 能选口服药就尽量不输液

一般状况下，口服药会相对安全，因为肠道是一个过滤膜，口服的情况下有些东西会被肠道阻挡，可以通过粪便排出人体；而静脉输液则是直接注入血液。

○ 药不是越新越好

给孩子选择用新药必须遵循一个原则——过去没有这一类的药物，只有用这种新药才会很有效果。如果过去有类似的药物，还是尽可能用老药物。因为，药不是越新越好，老药用起来安全度相对会高一些。

○ 不宜频繁换医院

频繁换医院的结果往往是没有一家医院的医生能有充分的时间了解和观察孩子的病情，特别是病情的变化，做出的诊断和治疗往往也不会十分准确，有时甚至会出现一些偏差。家长应该在初诊的时候就选择自己信赖的医院和医生，并尽可能在同一家医院、同一位医生处就诊。

帮助孩子正确服药

家长在带孩子就医之后，就要谨遵医嘱，正确地帮助孩子服药。

○ 严格把握服药时间

有的家长给孩子服药过程中出现漏服、换药太勤、两次服药间隔时间太长等情况，这些都是不正确的。从医学角度讲，每种药均有自己的半衰期，它决定了药物的服用次数。对需每日3次服的药，就应间隔约8小时，如早上7点，下午3点，晚上11点。喂药时间一般选择在饭前半小时至1小时进行，因为此时胃内已排空，有利于药物吸收和避免小孩服药后呕吐。但对胃有强烈刺激作用的药物（如阿司匹林），可放在饭后1小时服用，以防止胃黏膜损伤。服药（特别是消炎类药）见不见效，应连吃3天以上，再去看医生，家长不要自作主张换药。

○ 严格控制药量

不少家长在给幼儿服药时，总认为剂量大些孩子会好得快，或者就按成人剂量减半，这些都是不科学的。幼儿一般对药物比较敏感，对药物的吸收也比较好，解毒和排泄的功能较差，容易引起中毒。应严格遵照医嘱或根据说明书按小儿的实际体重来计算出每次服药的数量。

○ 服糖浆类药物的注意事项

细心的家长会发现，大多数咳嗽的孩子都伴有不同程度的上呼吸道感染（感冒），也就是说咳嗽是由感冒引起的，是感冒的症状之一，因咽喉部位炎症充血而引起咽部有痰和咳嗽。在服止咳药的时候应该注意：每次服药时应先吃消炎、治感冒的药物，再服化痰止咳的糖浆，服完糖浆后不要立即喝水，以增强化痰效果，缩短病程。

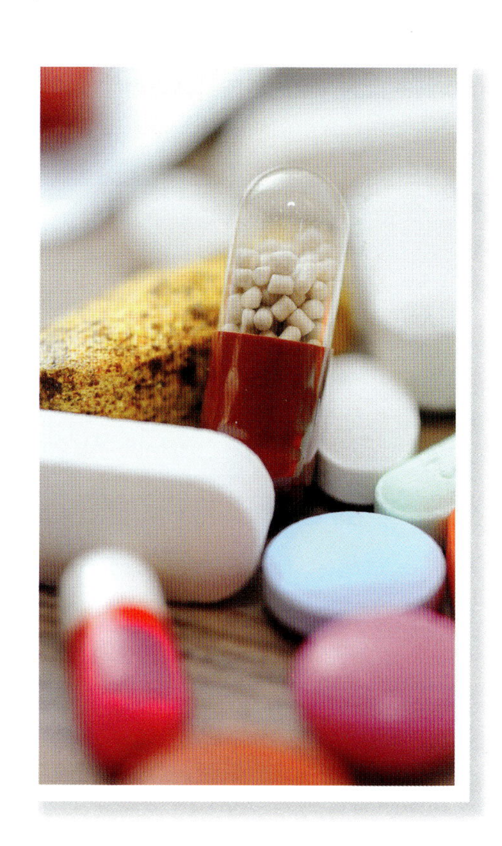

○ 耐心对待服药幼儿

对需服药的孩子，家长要做好详细记录。服药时要核对药名、用量和用法，保证用药安全。给孩子服药时态度要和蔼可亲，对孩子不配合的时候要多用些鼓励性的话语，以消除其抵触情绪，促进幼儿早日恢复健康活力。

给孩子顺利喂药

宝宝年幼，对口感不好的东西很抗拒，为宝宝喂药很有难度。爸爸妈妈们要掌握一定的技巧才行。

劝说孩子

无论孩子多大，哪怕仅仅是刚出生的孩子，喂药时，最好要向他（她）讲讲为什么吃药，不吃药的危害。当然不用长篇大论，仅三言两语即可，但语气应是柔和的。当孩子吃药时及完成后，鼓励孩子是重要的环节。这样做能使孩子在吃药时，对你将采取的方法有心理准备，相对容易接受；而且为以后孩子不再出现吃药困难打下基础。

一次喂药量不宜过多

假设孩子一次需要服一袋冲剂，如果拿勺子将药溶解，一次服下，必然会引起孩子的呕吐反射。应根据孩子的口腔大小和需要，将药物分为几份，一次次地慢慢喂下。否则口味再好的药物，因一次喂的量过大，也会引起孩子的厌恶而拒服药物。

喂药泥

像喂给孩子果泥、菜泥一样，将药物搅拌成药泥，一勺勺地喂给孩子。每勺的量不能太大（指尖大小即可）。对于那种习惯吐药的孩子，这是一个比较有效的方法。

避开嘴巴的敏感地带

味蕾集中在舌头前方与中央，嘴巴上部及舌根则是最容易引起呕吐的地方，这是嘴巴的敏感地带。给孩子喂药时，尽可能避开这些地方。一般选择牙龈与脸颊之间，一直到嘴巴后方。

喂药的方法

喂药比较好的方法是：①固定孩子的头部，将勺子压住舌中后部，等孩子自然将药吞下后，拿出勺子。②顺着嘴角，即牙龈与脸颊之间将药物喂进去，等到孩子吞咽后，将勺拿出。③让小孩的头靠着你的肘弯，用同一只手圈住他（她）的脸颊，用中指或食指拉住嘴角，让脸颊形成一个“口袋”；另一只手把药送进这个“口袋”里，一次送一点。这个手势可以让孩子保持嘴巴张开，头部固定，药物吐不出来。

孩子生病居家护理很重要

孩子本身免疫力低下，生病在所难免。关键是生病之后要得到家长们恰当的护理和照顾，有时合适的居家照护功效胜过打针吃药，更有利于孩子的长远健康。

父母首先要照顾好孩子的饮食，做到营养均衡。这要求孩子能均衡地、多元地摄取七大类营养素：碳水化合物、矿物质、维生素、脂肪、蛋白质、纤维素、水。少吃汽水、油炸食品、糖果等垃圾食品。用优质、均衡的营养促进孩子身体的恢复。

其次，家长可以学一点保健调理的技巧，在孩子生病期间给孩子恢复助力。例如，捏脊就是非常好的保健手段，既安全又有效，而且孩子不会有什么痛苦，生理上和心理上都更容易接受。对孩子胃口不好、消化不良、积食、慢性腹泻、便秘等肠胃疾病和反复感冒、咳嗽等肺部疾病，都有很好的保健效果。

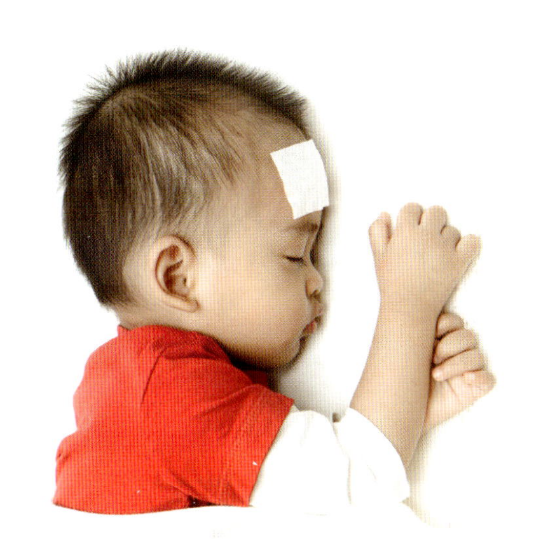

同样地，家长还可以帮助孩子用刮痧排出体内毒素，做抚触操提升免疫力，做小儿推拿帮助治疗消化系统、呼吸系统疾病等。

小儿常见病，预防比治疗更重要

对于小孩子来说，与其常常给他们治疗那些常见的发热、咳嗽、腹泻等疾病，不如在日常生活中加强预防，提高免疫力，标本兼顾。给孩子安排饮食的时候，就可以让他们适当多吃大豆、豆腐、西蓝花、包菜、萝卜、大蒜、菠菜、西红柿、山药等有助于增强免疫力的食物，孩子身体会越来越强健。

同时，为孩子保养身体、预防疾病应该顺应季节变化的规律。春天天气乍暖还寒、变化无常，细菌、病毒活跃，应该谨防呼吸道感染；夏天湿热蒸腾，应防止湿热侵袭，好好养脾胃，饮食以健脾、清热、利湿为主；秋天风多雨少，气候干燥，从潮湿的夏天进入干燥的秋天，孩子的身体容易不适，应注意防燥润肺，防止肺实热；冬季天气寒冷，应注意防寒保暖，防止寒邪侵犯。

小儿常见不适与疾病应对

宝宝生病是每个家长最揪心的事，恨不能以身相替。终究，父母代替不了宝宝生病，但是能通过精心的护理缓解宝宝的症状，更能在日常生活中预防疾病的发生。下面一起跟着老观念与新思想对小儿常见不适和疾病进行科学的应对吧。

小儿感冒

小儿感冒，也叫急性上呼吸道感染，简称“上感”，是小儿最常见的疾病，主要侵犯鼻、鼻咽和咽部。感冒的宝宝一般会出现鼻塞、流涕、打喷嚏的症状，有时还会轻咳，甚至还会发热、呕吐、腹泻、哭闹等。感冒多发于宝宝6个月后，一年四季均可发生，尤其多见于季节变换时。

不同季节感冒的致病病毒并非完全一样，故而感冒种类也不同，常见的有普通感冒和流行性感冒。

普通感冒	流行性感冒
普通感冒俗称伤风，医学上称为急性鼻炎或上呼吸道感染，它的主要特征是病原体复杂多样，多种病毒、支原体和少数细菌都可以引起感冒，每次发病可以由不同的病原引起，一个人在一年中可以多次患感冒，一般没有明显的全身症状，而主要有打喷嚏、流鼻涕等卡他症状。	流行性感冒是由流感病毒引起的急性呼吸道传染病。普通型流感症状为：突然畏寒、发热、头痛、全身酸痛、鼻塞、流涕、干咳、胸痛、恶心、食欲不振，婴幼儿或老年人可能并发肺炎或心力衰竭。中毒型流感病人则表现为：高热、说胡话、昏迷、抽搐，有时能致人死命。因此病极易传播，故应及早隔离和治疗。

普通感冒较流行性感冒传染性要弱得多，一般人在受凉、淋雨、过度疲劳后，因抵抗力下降，才容易得病。所以普通感冒往往是个别出现，很少像流行性感冒流行时，病人成批出现；普通感冒发病时，多数是低热，很少高热，病人鼻塞流涕、咽喉疼痛、头痛、全身酸痛、疲乏无力，症状较流感轻微，并无生命之虑。

老观念 让宝宝多喝水、多休息

宝宝感冒后，妈妈要让宝宝多喝水，充足的水分能使宝宝鼻腔的分泌物稀薄一点，容易清洁。此外，对于感冒，良好的休息至关重要，尽量让宝宝多睡一会儿，适当减少户外活动。为了让宝宝睡得更舒服，可以在宝宝的褥子底下垫上一两块干毛巾，头部稍稍抬高能缓解鼻塞。

新思想 不要随便轻吻孩子

生活中，父母都会经常忍不住轻吻自己的孩子，来表达对孩子的喜爱。偶尔也会被孩子的亲人随意亲吻。但是，由于宝宝的抵抗力弱、免疫力差，稍不注意就可能被感冒病毒感染，甚而引发支气管炎、肺炎、中耳炎等症或合并脑炎、心肌炎。因此妈妈应对感冒病毒引起高度重视。即使自己只是出现轻微感冒症状，比如轻微的头疼、咽痛，也应避免相互亲吻等亲昵之举。

专家说 科学防治小儿感冒

普通病毒性感冒是一个自限性的过程，无须特别治疗，家长只需仔细照护宝宝，让宝宝待在舒适的环境中，大部分患儿都能渡过这个自然病程。如果宝宝感冒症状较重，可由医生确定病情状况，采取对症支持、改善症状的原则进行治疗。所谓对症，即当患儿有发热、流鼻涕、咳嗽等感冒症状的时候，可以采取相应的措施。例如，宝宝发热，可控制体温不要超过38.5℃。药物治疗应建立在液体摄入量充足的基础上，一般来说，对2岁以下的婴幼儿尽可能不用药，2~4岁的儿童慎用复方感冒药。总之，一般情况下没有必要给宝宝过多服用药物，更没有必要服用抗生素。流感的治疗与普通感冒的治疗大致相同，通常是对症支持治疗，注意监测体温等方面的情况。但当宝宝精神状况明显不佳，或出现其他异常症状时，要立即到医院就诊。

发热

发热是由病原菌引起的，当这些病原菌侵入机体后，机体的防御系统为保护机体，可做出各种保护机体的反应来抵御病原菌，发热就是其中的一种抵御反应。一般定义：肛温高于37.8℃，口温高于37.3℃，腋温高于36.8℃为发烧。

物理降温效果好

物理降温有两大形式——冷降温和温降温。通过冰水或冰袋使局部皮肤降温为冷降温，不过退热效果有限。但冷降温不建议用于6个月以下的宝宝，因为宝宝不易转动身体，会造成局部过冷而冻伤或导致体温过低。温降温是在提高环境温度的前提下，用温毛巾敷身体、洗温水澡等致皮肤血管扩张，有利于体内热量散出，适合大多数发热宝宝。

发热也是有好处的

发热是人体对致病因子的一种重要的防御反应。炎症引起发热时血管扩张，血液加快，局部和全身新陈代谢加强；肝脏解毒能力增强可以抑制致病微生物在体内生长繁殖；血液中的白细胞和其他淋巴细胞消灭病原微生物的能力提高，可以促使炎症消退。因此，对于38℃以下的发热，不必匆匆降温退热。见烧就退，可能掩盖病情，不利于疾病的诊断和治疗。

专家说

警惕小儿高热

高热是婴幼儿在秋冬季最常见的症状，往往最早出现，可伴有腹泻、咳嗽等。高热时，体内产热大于散热，体内消耗增加，对婴幼儿可能造成惊厥，所以对于高热，无论是何原因所致，都要考虑退热问题。

3个月以内的婴儿体温超过38℃时，要立即去医院就诊。3个月以上的婴儿体温超过40℃，使用居家护理策略，但体温仍居高不下；或排尿少，而且口腔干燥，哭时泪少；或持续腹泻、呕吐；或诉说头痛、耳痛、颈痛等；或持续发热超过72小时，出现以上异常症状时就应该带宝宝去医院。

咳嗽

咳嗽是气管或肺部受到刺激后产生的反应，是小儿常见的呼吸道症状。小儿咳嗽多由呼吸道炎症引起，引起炎症的原因包括病毒、细菌感染、过敏等，可涉及鼻炎、咽炎、喉炎、支气管炎、肺炎等多种病症。异物吸入也是引起小儿咳嗽的常见原因。

合理饮食能缓解咳嗽

多吃新鲜的蔬菜和水果。新鲜的蔬菜和水果可以帮助身体补充足够的维生素和矿物质，对咳嗽的恢复很有帮助，如胡萝卜、西红柿、西蓝花等。

多喝温开水。湿润的咽部有利于痰液咳出，宝宝咳嗽期间，妈妈可以少量多次地给他（她）喂水，且最好是温白开水。忌用饮料代替白开水。

忌虾蟹。虾蟹等寒凉性食物容易加重咳嗽，而且容易导致过敏，加重咳嗽症状。

新思想

避开诱因

在宝宝咳嗽时，妈妈应该寻找诱发宝宝咳嗽的原因，尽量避免致病因素接触宝宝，使宝宝咳嗽加重。

咳嗽是人体的自我防御机制之一

咳嗽和发热一样，属于人体的自我保护机制之一。人的呼吸道黏膜上有很多绒毛，它们不断地向口咽部摆动，清扫混入呼吸道的灰尘、微生物及异物。在呼吸道发生炎症或有异物侵入时，渗出物、细菌、病毒及被破坏的白细胞混合在一起，像垃圾一样，被绒毛送到气管。堆积多了，可刺激神经冲动，神经冲动传入中枢，就会引起咳嗽，将那些呼吸道的“垃圾”排出来。若硬是用药阻止咳嗽，这些“垃圾”会越积越多，从而加重感染，甚至阻塞气道。

所以，不要一味地认为宝宝咳嗽是坏事。宝宝咳嗽意味着他（她）的防御能力是正常的。那些没有咳嗽却患了肺炎的宝宝，身体防御能力反而较差。因为肺里已经有了很多分泌物，但却没能咳出来。

哮喘

哮喘是一种严重危害儿童身体健康的常见慢性呼吸道疾病，也属于过敏性疾病。其发病率高，常表现为反复发作的慢性病程，严重影响了患儿的生活及活动，影响其生长发育。严重哮喘发作时，若未得到及时有效治疗，可以致命。

哮喘重在预防

尽量避免诱发因素，防止感冒，及时治疗鼻窦炎、慢性扁桃体炎及龋齿等。在日常生活中，避免过劳、淋雨、奔跑、过热、受凉或精神情绪刺激。

在哮喘缓解期，应让小儿积极参加适当的体育活动，以增强体质，如带孩子到公园玩。从秋季开始，让小儿用冷水洗脸，提高抗寒力和自身抵抗力。此外，还应加强环境及个人清洁卫生。孩子卧室不宜太潮湿，注意室内清洁通风，减少烟尘等不良刺激，被褥应经常洗晒。

新思想 针对病情的严重程度进行不同的护理

爸爸妈妈在护理患了哮喘的宝宝时，要根据病情的严重程度来采取不同的办法。对于哮喘急性发作的宝宝，爸爸妈妈要做到：抱住或轻轻摇动宝宝，使他（她）保持冷静，因为紧张也会引起气道痉挛。同时让他（她）在你的控制范围内活动，在咨询医生之前，不要给宝宝应用任何止喘剂。对于哮喘一般发作的宝宝，爸爸妈妈要做到：尽量保持室内的清洁，特别是孩子的卧室，从而减少过敏源。

进食应遵循“六不宜”

进食不宜过咸、不宜过甜、不宜过腻、不宜过激（如冷、热、辛、辣等）、不宜进食易过敏的食物（如鱼、虾、蟹、贝类、牛奶、芒果和桃子等），也不宜吃得过饱，以免妨碍哮喘恢复。

厌食

小儿厌食症指长期的食欲减退或消失、以食量减少为主要症状，是一种慢性消化功能紊乱综合征，是儿科常见病、多发病，1~6岁小儿多见。严重者可导致营养不良、贫血、佝偻病及免疫力低下，对儿童生长发育、营养状态和智力发展有不同程度的影响。

不要“追喂”

家长应该避免“追喂”等过分关注孩子进食的行为。因为这样，孩子只需被动地张口接受食物，便有更多的精力注意周边的事情，吃饭不专心，也就失去了吃饭的兴趣。家长应鼓励孩子自己进餐，这不仅是一项生活自理能力的培养，还可增进孩子进餐的主动性。当孩子拒食时，不能强求进食。如一两顿不吃，家长也不要担心，这说明孩子摄入的能量已经够了，到一定的时间孩子自然要求进食。

新思想 勿把零食当主食

很多孩子有吃零食的习惯，甚至把零食当成主食，影响正常的进食，也容易引起小儿厌食症，有这些坏习惯的孩子家长要注意纠正，逐渐帮孩子改掉坏毛病，养成规律的进食习惯。宝宝吃零食的数量和次数应予以限制。尤其饭前，一定不能给零食吃，吃饭也要定时，孩子每餐吃的量要大致固定下来，避免养成有时多吃、有时少吃或不吃的不良习惯。

专家说 花样翻新，诱导食欲

每天让宝宝吃同样的食物不仅不利于提高食欲，也会造成营养不良。因此，给孩子吃的食物，要注意新鲜和品种多样化，不仅仅包括蛋类、肉类，还应有各种蔬菜瓜果。此外，烹饪手法的翻新、菜品的设计，精致可爱的摆盘，都能让宝宝爱上吃饭。实践证明，饭菜多样化、艺术化、色香味俱全是刺激宝宝食欲的好方法。这样，在入口之前，宝宝会通过视觉、嗅觉而产生食欲，他（她）的消化液也会提前分泌，食物吃到口里后，就会觉得特别美味了。

积食

积食是指小儿乳食过量，损伤脾胃，使乳食停滞于中焦所形成的胃肠疾患。积食一症多发生于婴幼儿，主要表现为腹部胀满、大便干燥或酸臭、矢气臭秽、嗳气酸腐、肚腹胀热。积食日久，会造成小儿营养不良，影响生长发育。导致小儿积食的原因很多，小儿脾胃消化功能未成熟健全、家长喂养不当、滥用抗生素等都是致病因素。

老观念 按摩可以消“积”

中医认为消除宝宝积食当以消食导滞、调理脾胃气血为主。掐四缝，能行气消积、消腹胀。四缝穴位于第2~5指掌面，近端指间关节的中央。捏两手四缝穴各50次，力度以孩子稍有痛感但又能接受为宜，1日1次，30次为1个疗程，1个疗程后起效。

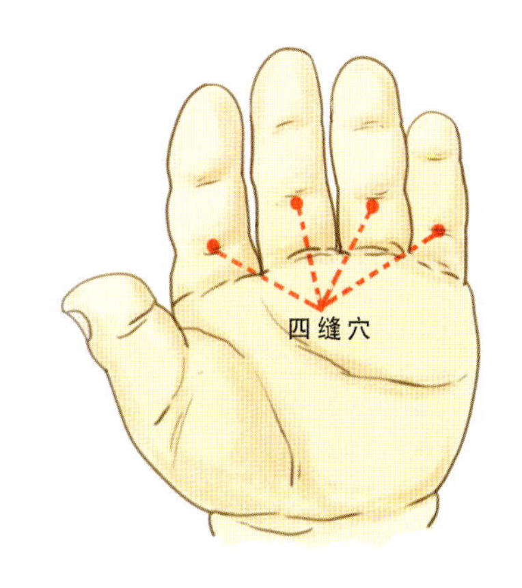

新思想 拒绝填鸭式喂养

俗话说得好：“乳贵有时，食贵有节”，宝宝绝不是吃得越多就长得越快越好。很多家长总是生怕孩子吃不饱、不够营养，每顿都会像填鸭一样喂养饮食尚不能自控的宝宝。结果，反而加重宝宝脾胃的负荷，损伤脾胃，导致孩子积食。面对厌食的孩子，很多家长寄希望于各种开胃药物或保健品，他们没有意识到，正是自己不当的喂养方式令宝宝出现积食。如果不改变填鸭式的喂养方式，再多的开胃药也无济于事。

改变不良的喂养方法是防治宝宝积食最重要的一环。如果宝宝胃口不好时，千万不要硬塞宝宝吃饭，此时即便威逼利诱让他（她）吃下去，也是难以消化吸收的，有些宝宝还会呕吐出来，令他（她）更厌恶进食，损伤肠胃功能。正确的方法是少吃，让宝宝的肠胃得以休息调整。

必要时进行减龄饮食喂养

患病较重的宝宝，需要更换饮食，给予减龄饮食（即幼儿吃婴儿的饮食，大龄宝宝吃小龄宝宝的饮食），等到消化和吸收功能情况好转后，再逐渐增加热量和蛋白质，逐步过渡到正常饮食。

腹泻

由于小儿各种身体功能未完全成熟稳定，患病后易出现身体各种功能紊乱及降低，特别是消化吸收功能受影响最大，所以容易出现腹泻。秋冬季是小儿腹泻病高发季节，多发生在6~24个月婴幼儿，4岁以上者少见。

保障食品与食具的卫生安全

为防止孩子发生腹泻，食品及食具的卫生相当重要。特别是人工喂养的孩子， 应注意饮食卫生及水源卫生。保证食品制作过程的清洁卫生；所用的食具必须每天煮沸消毒一次，每次喂食前还应用开水烫洗。

新思想 积极预防脱水

腹泻时，肠道就不能正常工作，排出的粪便比正常情况下含有水分和盐要多很多，容易导致宝宝脱水。患儿排泄量越大，脱水越严重。所以，患儿一开始腹泻，就应该给口服足够的液体以预防脱水。母乳喂养的宝宝应继续母乳喂养，并且增加喂养的频次及延长单

次喂养的时间。混合喂养的宝宝，应在母乳喂养基础上给予口服补液盐补充水分。在断奶期或已经断奶的宝宝，父母可以用基础的液体如稀粥、汤汁或米汤给患儿补充。

专家说 腹泻不能立即止泻

腹泻是因为肠道的黏液层受到了破坏，从而刺激肠道黏膜细胞，分泌出大量液体，随着没有消化的残渣以及一些病菌一起排出体外的一种表现。腹泻虽然会造成急性脱水和营养不良，但同时也排除了病菌及毒素，是肠道排泄废物的一种自我保护性反应。所以，立即止泻并非明智举措。

呕吐

呕吐可由于消化系统疾病引起，也可见于全身各系统和器官的多种疾病。呕吐可以是独立的症状，也可是原发病的伴随症状。小儿呕吐可防可治，但是小儿呕吐患病期间会在一定程度上影响宝宝的身体健康，关键是找出病因，及时处理。

老观念 补水很重要

宝宝在呕吐的过程，有可能带走了大量的水分。在呕吐过程中，若宝宝口渴，可以用棉花棒沾水润湿口腔。宝宝呕吐后要及时补充水分，但要根据宝宝的实际情况给宝宝喂水，量从少到多。呕吐停止后，每隔30~60分钟，都要给孩子补充水分。

新思想 饮食有讲究

小儿的呕吐常见于消化功能紊乱，所以当小儿出现呕吐时，首先要暂时进行4~6小时禁食，让消化道有一个休息的时间，包括牛奶也不要喝，等待呕吐反应过去。待宝宝呕吐过去后24小时可以尝试让患儿进食，若宝宝不想吃，不要强迫他（她），孩子不舒服的时候吃不下难消化的食物；胃口好也不要吃得太多，尽量少食多餐，吐后应先用流食、半流食，如大米粥或面条，逐渐过渡到普通饮食。

学会区分呕吐类型

宝宝呕吐的类型很多，包括一般呕吐、喷射性呕吐、溢乳和反刍现象。

一般呕吐。呕吐前常有恶心，可吐出一两口，或连续呕吐数口。

喷射性呕吐。往往呕吐前无任何感觉，食道或胃部的食物突然喷射状自鼻腔或口腔大量喷涌而出。

溢奶。又称漾奶，多见于出生后6个月内的婴儿，常见的现象是吃奶后从口角溢出少许奶汁。

反刍。是与呕吐相似的病态，较少见，多在出生后6个月后发病，患儿生长发育明显落后于同龄小儿，常呈重度营养不良。

对于不同的呕吐类型，家长要注意区分，这对于宝宝的诊疗有很大的帮助。

便秘

便秘是指大便异常干硬，引起宝宝排便困难的疾病。宝宝发生便秘以后，解出的大便又干又硬，干硬的粪便刺激肛门产生疼痛和不适感，天长日久使宝宝惧怕解大便，而且不敢用力排便。这样会使肠道内的粪便更加干燥，便秘往往会更加严重。

老观念 纠正宝宝的饮食

营养过剩和食物搭配不当容易导致便秘，若宝宝进食蛋白质含量很高的食物，但宝宝吃的蔬菜却相对较少，极有可能导致宝宝便秘。

母乳喂养的宝宝便秘，妈妈应该多吃点橘子汁、蜂蜜水等润肠的食品；人工喂养的宝宝便秘时可以将牛乳中的糖加至 10%。稍大的宝宝便秘时，可以摄入水果汁、青菜汁等辅食，同时增加粗纤维的食物，并鼓励宝宝进食粗粮做的食物，如红薯饼、玉米杂粮粥等，还能进食新鲜的水果、蔬菜，使宝宝摄入足够的膳食纤维，促进肠蠕动，达到通便的目的。

新思想 增加宝宝的运动量

父母应该适当增加宝宝的活动，运动量大，体能消耗增多，胃肠蠕动增加，排便情况也会得到相应的改善。较小的宝宝发生便秘时，父母不要长时间将宝宝独自放在摇篮里，应该多抱抱他（她），并适当辅助他（她）做一些手脚伸展、侧翻、滚动的动作，以此加大宝宝的活动量，加速宝宝对食物的消化。较大的宝宝在天气好的情况下可以鼓励他（她）多进行户外活动，如去公园散步等，增大宝宝的运动量。

专家说 特殊情况要就医

虽然恰当的家庭护理可以缓解宝宝的便秘，但也有需要就医的特殊情况。一旦出现以下情况之一，父母要立即带宝宝去医院：

- 出生不到1个月的宝宝出现便秘问题。
- 超过5天没有排便。
- 肛门出血。
- 肛门撕裂或裂伤。

- 持续腹痛超过2小时。
- 排便时伴有剧烈疼痛。
- 粪便污渍在2次大便间出现在内裤或尿布上。
- 持续4周以上的周期性便秘。

幼儿急疹

幼儿急疹是婴幼儿时期常见的出疹性传染病，由于外感风热湿邪，郁于肌肤，与气血搏结所致。一年四季都有发病的可能，尤以春秋两季较为普遍。常见于出生6个月至1岁以内的宝宝，患过一次后将终身免疫。

老观念 幼儿急诊可自愈

幼儿急疹是人类疱疹病毒 6、7 型感染引起，高热 3~4 天后骤然退热并出现全身皮疹，再 2~3 天内全部消失，无色素沉着及脱皮，可自愈且预后良好。

但是幼儿急疹在皮疹出现以前，诊断较为困难，易误诊为上呼吸道感染或消化不良，当热退疹出后，诊断明确，病即将痊愈，很少出现其他并发症，所以不必使用抗生素治疗，主要以针对高热和皮疹的护理为主。

新思想 为宝宝补充体液

孩子生病后，饮水量会明显减少，造成出汗和排尿减少，服用退烧药后的退烧效果会逐渐减弱，甚至无效。此时依赖静脉注射或肌肉注射退热，也不会达到理想效果。所以，要想办法让孩子多喝水，适当地加入果汁，这样既提高了维生素的摄入又利于出汗和排尿，可以促进毒物排出，保证体内水分充足，有利于降温。如果实在没有办法，可以考虑静脉输液，以补充宝宝的体液，将宝宝体温控制在38.5℃以下。

注意皮肤清洁

对于发疹，只需要观察即可，但要注意保持宝宝的皮肤清洁，避免继发感染。幼儿急诊既不怕风也不怕水，所以出疹期间也可以像平时一样给宝宝洗澡。不要给宝宝穿过多的衣服，保持皮肤得到良好的通风。

湿疹

小儿湿疹是一种变态反应性皮肤病，也就是过敏性皮肤病，是2岁以内宝宝常见疾病，2~3个月的宝宝最为严重。牛奶、母乳、鸡蛋等食物，以及紫外线、人造纤维、生活环境变化等都可诱发小儿湿疹。

老观念　湿疹很顽固

湿疹很顽固，经常会持续几个月，对小儿的治疗、护理要有耐心。湿疹经治疗后通常都会好转，但容易复发，不过不用担心，在哺乳期的小儿断奶后一般会逐渐痊愈。

新思想　不可滥用抗生素

小儿湿疹的治疗应在皮肤科医生的指导下进行，父母切不可滥用抗生素，不要随便使用单方、偏方，以免引起皮肤损害或感染。含皮质激素的药物外擦对湿疹治疗有一定的效果，尤其是对于湿疹较轻或小范围患湿疹，但对身体大面积患湿疹或反复发作的湿疹，如果频繁使用这类药物，会有全身和皮肤局部的副作用，父母应慎重选择任何含激素类的药物，最好别用。

科学护理湿疹

因为湿疹容易复发，妈妈对湿疹宝宝的护理要非常有耐心，尽可能地为宝宝减轻不适感，减少复发。

很多小儿对紫外线过敏，而且患有湿疹的小儿长时间晒太阳容易引起脱皮结痂，所以父母带小儿外出时，不要让太阳直接照射有湿疹的部位，否则会加重湿疹痒感。

小儿患湿疹后勿用过热的水洗澡，也不可使用香皂沐浴，可改用专为小儿设计的沐浴露，使用肥皂会刺激小儿皮肤，加重病症。妈妈给小儿沐浴后，可以在出疹部位涂上小儿专用的润肤霜，患病处结痂时，可用植物油轻轻涂擦。

手足口病

手足口病是一种小儿传染病，又名发疹性水疱性口腔炎，多发生于5岁以下儿童，以手、足、口腔等部位出现疱疹为特征，少数患儿可引起并发症。手足口病是一种自限性疾病，大多数发病之后会在1~2周之内痊愈，可不用特殊治疗，但必须进行隔离。

老观念 加强隔离

一旦发现感染了手足口病，宝宝应避免与外界接触，一般需要隔离2周。宝宝用过的物品要彻底消毒：可用含氯的消毒液浸泡，不宜浸泡的物品可放在日光下曝晒。宝宝的房间要定期开窗通风，保持空气新鲜、流通，温度适宜。有条件的家庭每天可用乳酸熏蒸进行空气消毒。减少人员进出宝宝房间，禁止吸烟，防止空气污浊，避免继发感染。

新思想 注意口腔护理

宝宝会因为口腔疼痛而出现拒食、流涎、哭闹不眠等情况。但为了预防口腔继发细菌感染，要保持宝宝口腔清洁，即使宝宝口腔疼痛，也要进行清理。具体的清理方法如：定时让患儿用温水冲漱口腔，饭前饭后用生理盐水或温开水漱口；对不会漱口的宝宝，可以用棉棒蘸生理盐水轻轻地清洁口腔。

专家说 保证水分的摄入

手足口病会伴有发热，当宝宝发烧，同时又有口咽部溃疡时，保证水分的充足摄入非常困难。但是如果水分摄入量不足，宝宝的体温就难以得到控制。因为退烧是靠经皮肤蒸发水分带走体内多余热量。宝宝的水分摄入不足，自然经皮肤蒸发的水分就不够，从而达不到退热的效果。在使用口腔溃疡膏后，尽可能鼓励宝宝多喝水。如果摄入量确实无法保证，以致宝宝4 ~ 6小时没有小便，就应该到医院接受静脉输液治疗。

流行性腮腺炎

流行性腮腺炎是发生在腮腺的炎症，由腮腺炎病毒引起的急性、全身性感染，以腮腺肿痛为主要特征，也可危及其他唾液腺，为小儿常见的呼吸道传染疾病，多见于2岁以上小儿，中医又称为“痄腮”。此病多发生于冬、春两季。

老观念 预防与隔离

在疾病高发的时候，有宝宝的家庭应注意房子要多通风换气，保持室内空气流通和新鲜，以达到消毒的目的，防止病菌繁殖。当周围有小儿患此病时，父母也可在询问医生后用板蓝根或金银花等煎水给宝宝服用，可起到预防的作用。

若宝宝患病，应该要进行隔离，与宝宝接触的物品要进行消毒。

新思想 接种疫苗

接种流行性腮腺炎活疫苗后可对宝宝起到良好的保护作用。当前我国卫生部批准使用的流行性腮腺炎疫苗有3种：冻干流行性腮腺炎活疫苗，麻疹、腮腺炎混合疫苗以及麻疹、腮腺炎、风疹混合疫苗。冻干流行性腮腺炎活疫苗在宝宝满8个月时就可接种。在宝宝的上臂外侧三角肌附着处进行皮下注射，接种后反应轻微，少数宝宝会在接种后6~10天有发热，一般不超过2天便可自愈，不需要任何处理，接种的局部一般无不良反应。

专家说 就算疼痛也需要进食

宝宝如果患有流行性腮腺炎，在进食时会出现疼痛感，加上食欲不佳，进食会相对减少。此时，为了促进宝宝恢复，满足宝宝所需营养，妈妈应多给宝宝吃流食或半流食，如稀粥、软饭、软面条、水果泥或水果汁等。多吃有清热解毒作用的食物，如绿豆汤、藕粉、白菜汤等。多饮温开水、淡盐水，保证充足的水分，以促进腮腺管炎症的消退。

过敏性鼻炎

小儿过敏性鼻炎为小儿极为常见的一种慢性鼻黏膜充血的疾病，是变态反应性鼻炎的简称。症状与感冒相似，主要有鼻痒、打喷嚏、流清鼻涕、鼻塞等，并伴有眼睛红肿、瘙痒流泪、听力减退、像有东西堵住了耳朵等症状。

老观念 远离过敏原

会引起宝宝过敏症状的物质在大自然中广泛存在，妈妈除了要保证宝宝的饮食卫生、身体清洁外，还要清理宝宝的生活空间。

· 妈妈可以每天用流动的水给患儿洗脸，使患儿皮肤受到刺激，增加局部血液循环，从而保持鼻腔通气。睡觉前可为患儿洗澡、洗头，防止将细菌带上床单和枕头，引起过敏。

· 每日清扫灰尘，避免保存可能会积存大量灰尘的物品，如百叶窗、防尘罩等。在清理的过程中，可以让宝爸带着孩子外出。

· 定期使用蒸汽清洁器清理宝宝的衣柜，将宝宝的干净衣服及时收放至衣柜内，避免尘螨积聚。

新思想 可以进行脱敏治疗

在宝宝患了过敏性鼻炎后，父母应该先确定过敏源，减少或尽量避免与过敏源的接触。一旦引起宝宝过敏的特殊过敏源被确定，而宝宝又不能避免与之接触时，那么最好考虑进行脱敏治疗。脱敏治疗方法是给孩子注射一些少量的过敏源，以产生免疫力。

专家说 就诊也有讲究

父母不要因为宝宝患过敏性鼻炎而去看急诊，这样做对宝宝没有好处，最好在宝宝出现相应症状后及时到医院就诊，以期得到及时的治疗。医生会给宝宝做全面的检查，包括实验室检查和体格检查，并详细询问既往史，此次发病时间、诱因、是否有做过处理等。你在向医生描述宝宝的症状及发病细节的时候，带上平时记载宝宝情况的笔记本十分有必要。

紧急状况下的急救和处理

也许你觉得自己的宝宝一定能健康的成长，但是当意外来的时候，你真的知道该怎么做吗？你具备迅速处理意外的常识吗？为了宝宝能顺利长大，妈妈们赶紧学习紧急状况下的急救和处理，为宝宝的健康成长上一道“保险栓”。

如果宝宝噎住了

婴幼儿经常会把不易咀嚼和吞咽的小东西放进自己的嘴里，无意间发生被异物堵住呼吸道的情况。由于喉部中央的声门是整个呼吸道最狭窄的地方，一旦有东西卡在这个位置，孩子短时间内就会发生呼吸困难，甚至窒息。遇到孩子噎住，很多大人第一反应是顺着拍孩子的背部，希望把异物拍到食管里咽下，事实证明这样的方法不仅不管用，还可能导致更严重的呼吸道堵塞。随着医疗知识的普及，海姆立克急救法逐渐被越来越多的家长接受。下面就学习一下如何正确使用海姆立克急救法。

● 婴儿海姆立克急救法

step 1　急救者以前腿弓，后腿蹬的姿势站稳，抱起宝宝，将宝宝的脸朝下，使其身体倚靠在急救者的大腿上。

step 2　急救者一手置于宝宝颈胸部，另一只手用力在宝宝两肩胛骨间拍背5次，再将婴儿翻正，在婴儿胸骨下半段，用食指及中指压胸5次。

step 3　重复上述动作，以压力帮助宝宝咳出堵塞气管的异物，一直做到有东西吐出来为止。

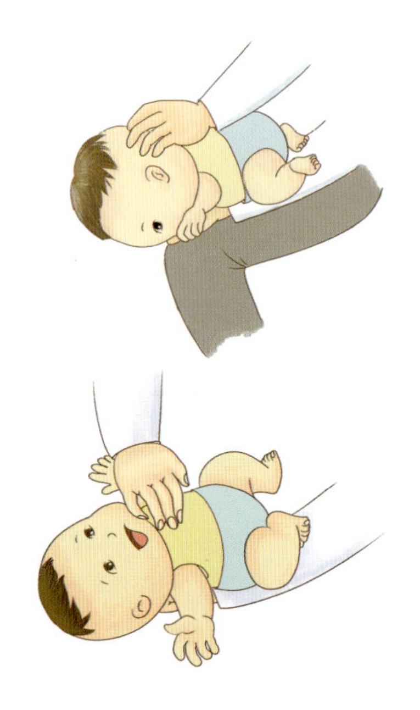

注意：勿将婴儿双脚抓住倒吊从背部拍打，否则，不仅无法排出异物，还可能造成颈椎受伤。

2岁以上的儿童海姆立克急救法

step 1 急救者以前腿弓，后腿蹬的姿势站稳，然后使患儿坐在自己弓起的大腿上，并让其身体略前倾。

step 2 将双臂分别从患者两腋下前伸并环抱患者。紧握一只拳头（大拇指冲着身体的方向）放在剑突下方，肚脐上方的上腹部中央，另一只手握住紧握的拳头，形成“合围”之势。

step 3 突然用力收紧双臂，双手向患者上腹部内上方猛烈施压，迫使其下陷。由于腹部下陷，腹腔内容上移，迫使膈肌上升而挤压肺及支气管，这样每次冲击可以为气道提供一定的气量，从而将异物从气管内冲出。

step 4 急救者操作完上一步后立即放松手臂，然后再重复操作，直到异物被排出。

如果孩子心跳停止了

引起孩子心跳停止的原因，一是疾病所致，包括婴儿猝死综合征、败血症、神经系统疾病等；二是意外伤害，包括外伤、溺死、中毒等。一般先引起呼吸骤停，继而心搏骤停。一旦发现孩子出现了心跳暂停，家长除了拨打急救电话外，还可实施心肺复苏术，抢救孩子的生命。

心肺复苏的基本步骤

step 1 评估呼吸和循环

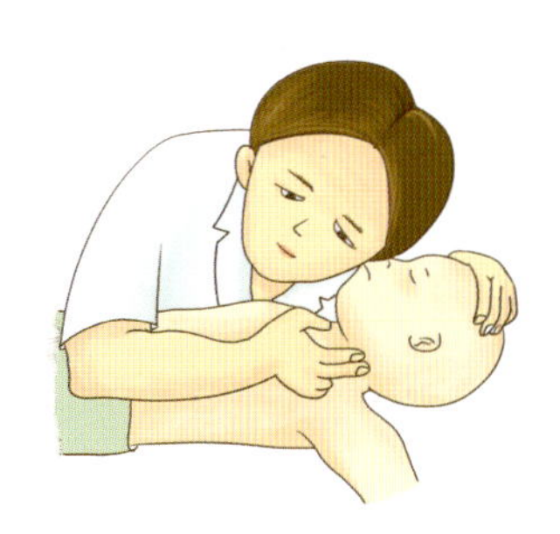

发现孩子倒地后轻拍孩子双肩并大声与他说话，若孩子无反应，再检查孩子有无呼吸和颈动脉搏动：观察胸廓有无起伏以判断有无呼吸；一手的食指和中指指尖放置于孩子的喉结旁开两指处，感知孩子的颈动脉搏动情况。若孩子无胸廓起伏和颈动脉搏动，应立即开始心肺复苏。

step 2 胸外按压

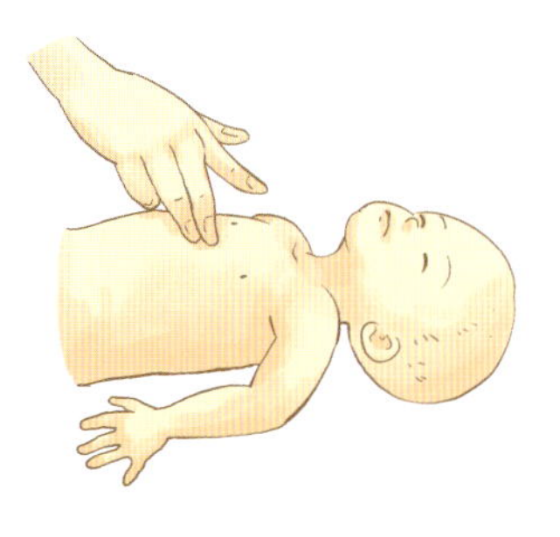

让孩子取仰卧位，躺在硬质的平面上。用一只手的食指和中指按压孩子两乳头连线中点的略下方，每分钟不少于 100 次，按压深度为胸廓的 1/3 厚度。按压与放松的时间基本相等，最好不要间断。

step 3 开放气道

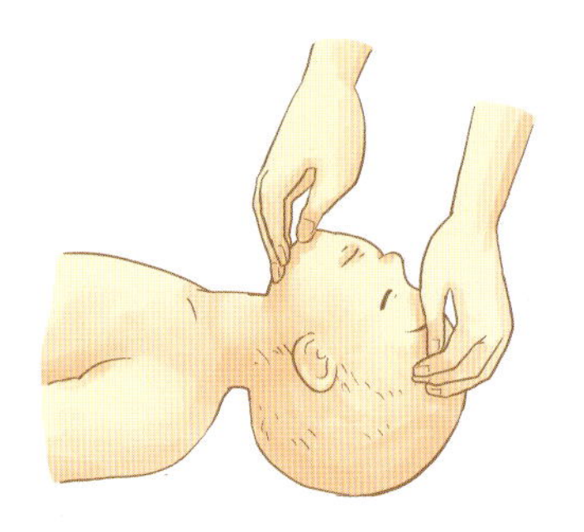

先清除孩子呼吸道内的分泌物和异物，防止误吸入呼吸道。然后再用一只手置于宝宝前额，另一只手的食指、中指置于下颏，将下颌骨上提，使下颌角与耳垂的连线和地面垂直。注意手指不要压颏下软组织，以免阻塞气道。

step 4 人工呼吸

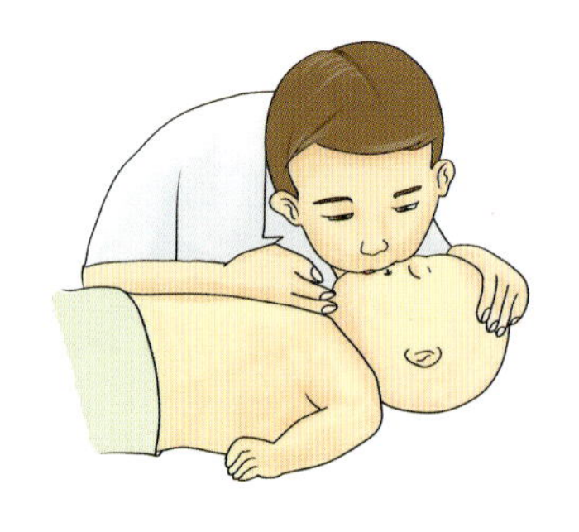

将一只手放在孩子的前额，另一只手扶住下颏。让孩子头部后仰，保证上呼吸道通畅。家长先深吸一口气，然后俯身用口唇包住孩子的口鼻，用力缓缓吹气。与此同时，家长需观察孩子的胸廓是否因气体的灌入而扩张，气吹完后，松开孩子的口鼻，让气体呼出，这样就完成了一次呼吸过程。

以上方法适用于婴幼儿。若为儿童，人工呼吸时，应用一只手捏住孩子的鼻子，另一只手扶住下颏，进行口对口人工呼吸。

温馨提示

·因婴幼儿的肺容量比成人小很多，所以，急救者不要把一口气完全吹尽。只要能看到孩子的胸部出现起伏即可，若吹气太用力或太快会造成宝宝的肺损伤。

·进行胸外按压时，要注意力度与方法，否则容易造成肋骨骨折、气胸、肝破裂。

·胸外按压部位：新生儿按压胸骨体下1/3（单人双指位于乳头连线中点下，双人拇指置于双乳头连线中点）；儿童按压胸骨下1/2（双手掌重叠置于双乳头连线水平的胸骨上）；成人按压胸骨中下1/3交界处。

·胸外按压与人工呼吸需要相互协调，才能尽早地帮助孩子恢复心跳和呼吸。对婴幼儿和儿童进行心肺复苏时，胸外按压30次后，立即给予2次有效的人工呼吸，即胸外按压和人工呼吸比为30:2。

新生儿呛奶时的急救法

→ 体位引流　如果宝宝饱腹呕吐发生窒息，应将平躺的宝宝脸侧向一边或侧卧，以免吐奶流入咽喉及气管；如果宝宝吃奶之初咽奶过急发生呛奶窒息（胃内空虚），应将其俯卧在抢救者腿上，上身前倾45~60度，以利于气管内的奶倒空引流出来。

→ 清除口咽异物　用缠满纱布的手指伸入宝宝的口腔直至咽部，使其呕吐或者将宝宝溢出的奶、呕吐物清理出来，避免宝宝吸气时再次将吐出的奶吸入气管。

→ 刺激哭叫、咳嗽　用力拍打孩子背部或揪掐刺激脚底板，让其感到疼痛而哭叫或咳嗽，有利于将气管内的奶咳出，缓解呼吸。

→ 辅助呼气，重点是呼气带有喷射力量　抢救者用双手拢在患儿上腹部，冲击性向上挤压，使其腹压增高，借助膈肌抬高和胸廓缩小的冲击力，使气道呛奶部分喷出；待手放松时，患儿可回吸部分氧气，反复进行使窒息缓解。

在上述家庭抢救的同时，拨打120呼救，或准备送医院抢救。

孩子吃了不该吃的东西怎么办

孩子看到什么新鲜的事物都想尝试一下，放进口里试一下是他们直接的探索方式，这就难免吃到一些不该吃到的东西，比如药物、有毒物品、洗衣液、洗发水、香水、不洁的食物等。当发现宝宝误服药物、有毒物品后，家长应在家中及时采取措施急救，争取后续的抢救时间并尽最大努力减少后遗症。

→ 误服了药物　不要马上催吐，应先了解孩子吃了什么药，吃了多少，什么时候吃的。已经清楚知道误吞药物的份量及时间，如果药性不太严重(比如少量维生素类药)，可给宝宝喝一些牛奶或白开水，减低胃里的药性。如果药性严重或服用剂量较大，应立即催吐，并及时就医，切忌自己想当然地进行处理，导致药物的毒性作用加重。

→ 吞下了尖的物品　如果宝宝吞入的异物是有棱角或较尖锐的物体，家长须立即将宝宝送往医院。千万别让宝宝服泻药。

→ 食物中毒　如果食物吃下去的时间在2小时内，可采取催吐的方法。喝浓食盐水或生姜水，可迅速促进呕吐。如果吃下去中毒的食物时间超过2小时，且精神尚好，则可服用些泻药，促使中毒食物尽快排出体外。经上述急救，患儿症状未见好转，或中毒程度较重，应立即拨打120急救电话，或尽快将患儿送到医院进行洗胃、灌肠、导泻等治疗。

孩子划伤流血的处理

孩子好动，总喜欢这里摸摸，那里玩玩，在户外很容易被树枝、石块、碎玻璃等物品扎伤或划伤，即使在家里，也可能被利器划伤流血。当孩子被意外划伤出血时该怎样做应急处理？

1 止血

儿童的外出血多选用直接压迫止血法，可以用手或敷料直接压迫出血部位。如果没有敷料，也可以用干净的布类代替。

2 清洗伤口

当流血状况缓解后，应对伤口进行清洗，可先用清水冲洗伤口，然后用碘伏进行消毒，消毒后注意保持伤口部位干燥。

3 包扎

伤口清理好以后，可用干净纱布、绷带包扎伤口。包扎时应注意保持伤口边缘整齐合拢，这样愈合后的伤口才不会留下明显的痕迹。

不小心烫伤的紧急处理法

0~6岁儿童发生烧烫伤的比率占了烧烫伤患者的23％，其中以1岁为最多，烫伤又以热液烫伤居多。发现宝宝被烫伤，需采取以下方式处理。

→ 冲　冲冷水可让皮肤立即降温以降低伤害，但要避免将冰块直接放在伤口上。

→ 脱　充分泡湿后小心除去衣物，可用剪刀剪开衣物。

→ 泡　浸泡在冷水中以减轻疼痛，如果宝宝年龄较小，不要浸泡太久，以免体温下降过度造成休克。

→ 盖　用干净或无菌纱布、布条或棉质衣物类(不含毛料)覆盖在伤处，并加以固定。

→ 送　经过简单处理后，立即将孩子送到医院治疗。

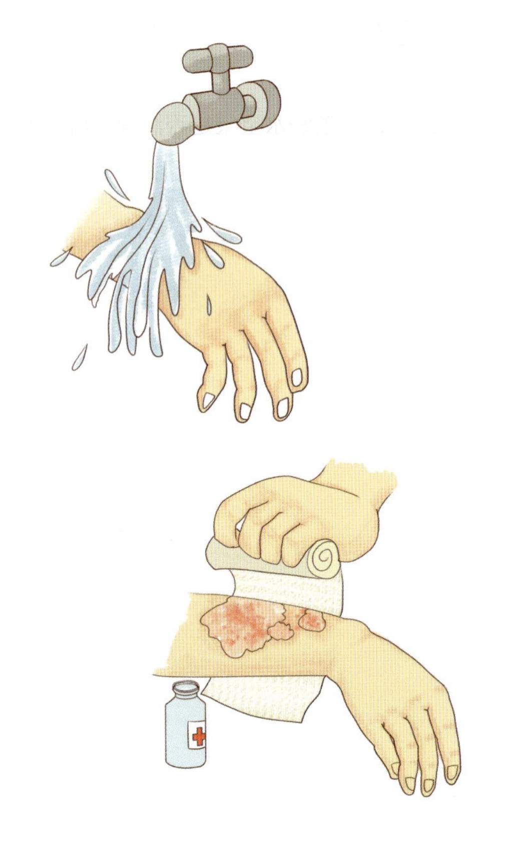

孩子撞到头部分情况处理

孩子不小心撞到了头部，如果他（她）意识清醒，在受伤后立刻哭出来的话，就没有大问题。家长需要做的是首先稳定宝宝的情绪，以防他（她）伤后受到惊吓，把他（她）抱到安静的地方，让他（她）平躺下来，用枕头把他（她）的头部垫高。之后再仔细观察3天左右，如果孩子有意识不清、恶心、呕吐、剧烈头痛等症状，一定要立刻送到医院。

如果孩子撞伤部位出血过多，要稳定住宝宝的情绪，冷静地确认伤口，找些厚纱布或者是干净的毛巾用力压住伤口(但是不要过于用力)。同时，要送往医院处理伤口。

如果伤后宝宝的身体出现红肿的话，先用湿毛巾冰敷伤处，但是如果肿块越来越大，而且肿得很明显的话，就要及时送往医院就诊。

除此之外，如果孩子撞到头部后发生痉挛，持续呕吐，对大人的呼叫有反应但表现出很疲劳的样子，最好马上去医院看急诊。

孩子溺水、窒息迅速急救

如果宝宝不慎溺水，应迅速把宝宝从水里捞上来，之后把宝宝嘴里、鼻子里的东西清理干净，然后家长单膝跪地，一条腿屈膝，让宝宝的肚子在家长的膝盖上，头向下垂，家长用手按压宝宝背部，尽量让嘴、鼻子、气管和胃里的水流出来。

同时，检查溺水宝宝是否清醒，可呼唤或拍打其足底，看有无反应，用眼睛观察胸廓有无起伏，判断是否有自主呼吸。对于已经没有呼吸的小儿，须立即进行人工呼吸。

孩子疑似骨折时夹板的固定方法

孩子们的骨骼细嫩，硬度不高，突然摔倒和滑倒很可能造成骨折。此外，从高楼坠下、掉入深坑等，都是导致孩子骨折的原因。但是作为家长，很多时候我们通过肉眼仍然无法直观判断跌倒或摔伤的宝宝是否出现骨折，如果疑似骨折症状，在移动孩子之前一定要对他（她）进行一个有效的固定。骨折的固定是骨折急救中最重要的一个步骤，也是避免出现二次伤害的重要一步。

首先，找一个坚实的固定物对骨折部位进行固定，固定物要放在肢体的外侧，同时不要覆盖伤口。其次，要确定固定物的长度，上肢要超过两个关节，下肢最好要超过三个关节。最后，捆绑固定物时，打结一定要打在固定物上，这个结不要直接打在病人的伤肢上，以减轻打结的压迫伤害。

孩子被猫狗抓伤、咬伤怎么办

孩子由于年纪尚小，在与宠物亲密接触时难免会因言行粗鲁而惹恼小猫、小狗，以致被抓伤或咬伤。万一发现孩子被猫、狗抓伤或咬伤，要立即处理伤口。

如果伤口较浅，先用20%肥皂水或流动的自来水充分冲洗，之后用碘伏涂擦伤口。如果伤口较深，则应该扒开伤口，彻底清洁伤口。清创后不宜包扎和缝合伤口。

之后可前往医院，并在24小时内注射狂犬疫苗和破伤风疫苗。

孩子眼睛进入异物的处理方法

异物入眼后，会立即引起不同程度的眼内异物感、疼痛及反射性流泪，严重的会造成眼球损伤，使视功能受损，轻者视力下降，重者可完全丧失视力。因此，预防眼外伤的发生和正确处理异物入眼十分重要。

眼睛内进入沙尘等异物时，切勿用手揉擦眼睛，用两个手指头捏住上眼皮，轻轻向前提起，往患儿眼内吹气，刺激流泪冲出沙尘。家长也可翻开眼皮查找，用干净的棉球或手绢轻轻沾出沙尘。

眼内进入的是铁屑、玻璃等危险颗粒时，让孩子闭上眼睛，然后用干净酒杯扣在有异物的眼上，再盖上纱布，用绷带固定去求医，让孩子尽量不要转动眼球。

有硫酸、烧碱等具有强烈腐蚀性的化学物品溅入眼内时，要立即就近寻找清水冲洗受伤的眼睛。冲洗时将伤眼一侧朝向下方，用食指和拇指扒开眼皮，尽可能使眼内的腐蚀性化学物品全部冲出。冲洗之后，应立即就医检查。

生石灰溅入眼睛内时，用棉签或干净的手绢一角将生石灰粉一点点擦干净，然后再用清水反复冲洗伤眼至少15分钟，冲洗后需立即去医院检查和治疗。切忌立即用水冲洗。

孩子流鼻血的处理

引起儿童流鼻血的原因很多，如鼻外伤、鼻部疾病、血液病、鼻腔异物、剧烈咳嗽、鼻窦手术等损伤鼻血管黏膜。有些小孩子有挖鼻孔的不良习惯，也很容易造成鼻出血。少量鼻腔出血可能对人的健康危害不大，但反复出血或急性大出血，家长则应该在送院前先

给孩子采取一些止血措施。下面就介绍宝宝流鼻血时的正确处理方法。

→ 冷敷　少量鼻出血时，家长可用冰袋或湿毛巾冷敷前额及颈部，或用冷水及冰水漱口，使血管收缩，减少出血。

→ 压迫鼻翼　家长用自己的拇指、食指紧捏孩子两侧鼻翼约10~15分钟。在压迫鼻翼的同时，取坐位，头稍向前下倾，以便把嘴里的血吐出来。

如果采取上述措施后，鼻出血还是止不住，或者孩子的出血量大，并伴有脸色苍白、出冷汗、心率加快等，则应该及时送院。

孩子意外触电的急救措施

儿童触电是日常生活中比较常见的儿童意外伤害，万一孩子发生触电情况，应该如何正确地急救呢？

→ 切断电源　当有儿童触电时，我们在确保身体安全的情况下，应尽快找到电源开关，把电源开关关掉。如果一下子找不到电源开关的话，可以找一个绝缘的物品，在不接触孩子的情况下，把和孩子接触的有电的物品挑开。

→ 判断受伤孩子的生命体征　通过掐捏孩子的颌骨或者说拍打他（她）的足底，并呼唤孩子来检查他（她）的反应，同时观察他（她）的胸腹部有没有呼吸。

如果观察20秒钟之后发现孩子既没有反应又没有呼吸动作的话，特别是胸腹部没有起伏，需立刻对他（她）进行心肺复苏的抢救，直至孩子恢复正常。

孩子夏季中暑切勿慌张

中暑的突出表现是高热，体温往往可达到38~39℃，中暑严重时体温甚至可达41℃以上。中暑之初，患儿表现为出汗多，继而因出汗太多可能引起丘脑下部和汗腺功能失调，皮肤反而无汗，干而灼热，面部潮红，体温会进一步迅速升高。

家长发现孩子有中暑的表现，应立即把患儿安置到阴凉通风的位置，让患儿仰躺或者仰卧，松开患儿的衣服。如果患儿因为出汗过多导致衣服潮湿，父母要帮助其换成干的衣服，并且打开身边的制冷电器，降低孩子周围的温度，注意风口不要对准患儿。之后，家长可以通过额头冷敷或者洗温水澡的方法，帮助患儿降低体温。

在孩子意识清醒，没有呕吐现象的前提下，家长应隔15分钟，给患儿喂些新鲜瓜果或生理盐水。

Chapter 4

老观念 + 新思想，给宝宝科学的启蒙教育

随着宝宝的慢慢长大，妈妈的身上又增添了启蒙师的角色。而老一辈人给予的爱却更多是对宝宝的纵容。这时，妈妈需要更多的理智和科学的方法。要做好宝宝的第一位老师，应该因时制宜地带动宝宝成长；当面对他（她）的小问题时，又要合理妥当且及时矫正他（她）的行为，帮他（她）养成好的习惯。妈妈要与宝宝一起努力，做好宝宝的启蒙教育。

宝宝的成长与能力训练

每个宝宝来到这个世界时，都带着自己独有的潜能，有大有小。潜能能发挥到什么程度，一方面源自于宝宝自身的基因和性格，另一方面很大程度上取决于父母的育儿方式——父母的引导和辅助，支持与训练。

老观念 让宝宝每天进步一点点

任何技能与能力的形成，都不是天生就有，也并非一蹴而就。对于小宝宝来说，不同的成长阶段有不同的能力发展需求，父母需要做的就是辅助宝宝从一个阶段顺利过渡到另一个阶段，保证宝宝各方面能力均衡发展。

● 注意宝宝综合能力的开发与培养

给宝宝进行启蒙教育，即通过各种方式对宝宝的大脑发育和人格发展进行“激活”，让宝宝各方面能力得到均衡发展，包括许多基本技能、综合能力、行为习惯及个性品质等，从而为其日后的发展打下坚实的基础。

● 能力训练应循序渐进地进行

对于低龄小宝宝来说，他们接受知识和认识事物的能力都有限，父母给宝宝灌输的信息内容应符合他们身心的发展特点和认知规律，循序渐进地进行，毕竟你可以教会一个才刚刚会走路的小宝宝做“拜拜”，但不能指望他（她）现在就会说“对不起”。

● 培养孩子的“动手能力”

作为家长，应注意培养孩子的动手能力，教会孩子做力所能及的事情，比如自己整理玩具，自己穿脱衣服等。由于孩子还小，可能刚开始实行起来会比较困难，家长需要有足够的耐心，鼓励孩子慢慢实践，切不可一味包办，抹杀孩子学习的过程。

● 孩子的进步比时间表更重要

宝宝在每个阶段成长所用时间是不同的，有的慢，有的快，有的甚至“跳级”，家长不能盲目跟别人家的比。你的宝宝从会坐、会爬到会站，慢慢就会走，他（她）学会做这些事情的年龄可能会和别人家的宝宝不同，但他们成长的方向是一致的，只要宝宝在进步就可以了。

新思想 与宝宝共同成长

宝宝的成长与能力发育的过程，不仅仅是说宝宝学会了什么，父母又为宝宝做了什么，更重要的是说宝宝和父母能为彼此做什么。也就是说，成长是一家人的事，是爸爸妈妈和宝宝相互了解、相互适应、相互提高的过程。

适当放手，适时引导

一味地给予并非宝宝最需要的，宝宝总是需要学着自己去探索这个世界，自己长大。而这期间，不可避免会碰到各种挫折和困难。这时，爸爸妈妈要学会适当放手，并学会恰到好处的点拨和引导，让宝宝知道你在陪着他（她），他（她）可以放心大胆地去实践。

善于“倾听”宝宝

爱不只是一句口头承诺，更重要的是理解与陪伴，做一对善于倾听的父母对宝宝的成长非常重要。因“怕宠坏孩子”而束手束脚，减少接触宝宝的次数，并不一定会让宝宝更独立，反而不利于宝宝性格与能力的培养。宝宝最需要的是父母的倾听，是父母恰当的回应。当宝宝哭泣时，父母要学会观察，做出正确的安抚；当宝宝用面部表情和身体动作表示要抱抱时，父母应及时回应……久而久之，宝宝就能学会更好地交流，而父母解读宝宝信号的能力也提高了。这也是宝宝对父母建立信任关系的基础。

陪宝宝一起“玩”

小宝宝通过“玩”了解这个世界，父母通过看宝宝玩，陪宝宝玩，了解他们在成长的每一个阶段表现出的特长和能力，了解宝宝是如何一步步长大的。当你与宝宝共同度过了他（她）成长的岁月，与宝贝的关系也更亲密，这些都是宝宝成长不可缺少的一部分。

记下宝宝成长的故事

给宝宝写一本书吧，从分娩或是怀孕的时候开始写起，记录宝宝的成长。内容可以是任何值得纪念的事情，比如宝宝第一次坐，第一次走路，第一次生病，第一次叫妈妈，第一个生日。这既是你自己值得珍藏一生的宝贵记忆，对宝宝的成长也有一定的指导意义。

观念PK 新老观念对对碰

对于宝宝的启蒙教育，老一辈人看似更有经验，但或许并不适应现在社会的需求。而新兴思想，因缺乏经验，有时候又过于激进。如何各取所长，配合得当，听听专家怎么说。

和小婴儿说话没必要 PK 每天都要和宝宝说说话

老观念：宝宝才刚出生没多久，哪能听到大人说话，也听不懂，而且总跟宝宝说话还会打扰到他（她）休息，所以，跟新生宝宝说话没有必要。

新思想：宝宝出生后每天都可以和他（她）说说话，虽然他（她）暂时还听不懂，但这对宝宝的语言发展有帮助，而且宝宝听到妈妈的声音也会觉得更安全。

专家观点

应多和宝宝说话，即使是刚出生的宝宝。话语可以对宝宝脑细胞产生良性刺激，有利于以后的语言发展。当妈妈给宝宝穿衣服、喂奶或是换尿布时，都可以和宝宝说说话。开始时宝宝可能不会有什么反应，但家长温柔的话语和表情会使宝宝渐渐明白并做出反应。

孩子还小哪看得懂书画 PK 越早启蒙越聪明

老观念：宝宝还小，根本看不懂书上写的是什么内容，而且看书对宝宝的视力有伤害。再说，以前的孩子小时候没看书，不也这样过来的吗？要启蒙，学校老师自然会教的。

新思想：现在年代不同了，启蒙越早越好，可以给不同年龄的宝宝看不同的图画书，陪着宝宝一起阅读，这样可以为宝宝将来的学习打下基础。

专家观点

启蒙可以从宝宝刚出生时就开始。一般来说，1岁以内的宝宝确实看不懂书上的故事和图画代表什么意思，但家长陪着宝宝一起阅读，对宝宝的正常发育是有积极意义的。随着宝宝成长，他们慢慢就会跟随故事的发展，探索图画中的细节，对锻炼宝宝专注力、阅读和理解能力都有帮助。

看电视会伤害眼睛 PK 爱看电视不是什么坏事

老观念： 看电视对宝宝的眼睛不好，而且宝宝整天坐在电视机旁，不愿意活动，有碍宝宝的身心成长。

新思想： 宝宝爱看电视并不是什么坏事，很多广告、少儿类节目，还可以教会宝宝很多东西，也是对宝宝启蒙的一种方式。

专家观点

别给小宝宝看太多电视。长期看电视会影响宝宝的视力，对宝宝性格的塑造也会造成不利影响。而且，电视只是单方面的“灌输”，对启发宝宝的智力作用并不大。

宝宝走路慢慢来 PK 越早走路的宝宝越聪明

老观念： 宝宝发育到一定程度自然就会走路了，而且小宝宝的骨骼还没有发育好，太早学走路身体会吃不消，还容易摔跤。

新思想： 别人家的孩子 8 个多月就会走路了，多聪明呀！可不能让自己的宝宝输在起跑线上，越早训练走路越好。

专家观点

一些年轻的妈妈育儿心切，7~8个月时就开始训练宝宝走路，这对宝宝的身体是很不利的，容易造成骨骼损伤。家长应结合孩子的身体发育阶段为宝宝安排合适的活动，千万不能揠苗助长。

孩子大了自然会用筷子 PK 越早会用筷子越聪明

老观念： 对于 3 岁以下的小宝宝来说，手指功能还不协调，还是让他（她）用勺子或叉子吧。

新思想： 用筷子可以锻炼宝宝手和眼反射的能力，对宝宝的动手能力和智力发育都有帮助。所以，越早训练宝宝会用筷子越好，宝宝也更聪明。

专家观点

应该在3岁左右开始训练宝宝使用筷子。这时正是宝宝智力发育的关键时期，学习使用筷子可以锻炼手指的协调能力，促进大脑的发育。太早，宝宝学起来会非常困难，还会因为不协调把饭菜弄洒。

因时制宜，培养孩子的综合能力

婴幼儿的早期教育开发不应只是以智力开发为目的，而应根据其身心发展特点，培养他们学会观察思考、探索实践，以及掌握日常人际交往能力、基本生活技能等综合能力。

● 宝宝成长与能力开发的5个方面

在宝宝生长发育的过程中，他们通常会在某个特定的阶段学会某些特定的技能，这些技能可大致归为以下5类：

1 **大运动技能：**宝宝运用自身的大肌肉群，如躯干、四肢和脖子等，做出各种动作，包括头部控制、坐、爬行、走等。

2 **精细运动技能：**宝宝运用身体的小块肌肉，如手、手指、舌头等，做出各种动作，包括拿勺子、翻书、涂鸦等。

3 **语言技能：**宝宝理解和运用语言的能力，即宝宝会说话，也听得懂话。

4 **情感和社交技能：**宝宝与他人相互影响的能力，宝宝与他人沟通以及表达自己的感情和需求的能力。

5 **认知技能：**宝宝的感知、记忆、想象、判断、思考、推理和解决问题的能力。

我们在判断和锻炼宝宝的这些能力的时候，不要简单孤立地去做，而是要把这些内容结合在一起，才能达到更佳的效果。比如，我们在训练宝宝说话的时候，一方面需要注意宝宝舌头肌肉的锻炼，这就关系到精细运动，可以适时地给宝宝一些块状食物，锻炼他们的咀嚼能力和舌头运动，为他们说话做好生理上的准备；另一方面，我们更应注意语言的输入，因为这关系到宝宝情感和社交能力的锻炼。只有在我们不断地与宝宝沟通和重复，他们的情感发展需求成熟到想要主动表达自己意愿的时候，心理准备便达成了。当身体和心理都准备好了，宝宝才能开口说出他们想说的话。

宝宝成长各阶段能力开发要点

每个孩子的发展轨迹和速度都是不同的，但都会在一定的时间范围，遵照特定的顺序出现。家长可根据不同的时间范围，对孩子的能力进行适当引导和辅助，激发孩子的潜能。

宝宝成长各阶段能力发展一览表

能力发展\月龄	第1个月	第2~3个月	第4~6个月
大运动技能	四肢蜷曲；肌肉偶尔有抽动和惊跳反应；头仅能抬一点点；双腿不能负担重量	四肢可以伸展，能自由活动；头能抬得比屁股高，会四处看；双腿能短暂地承受重量；被抱起来时头部很稳，能从仰卧翻身成侧卧	会翻身，能独自坐一会儿；能摇晃着向前爬一段距离；能扶着东西站一会儿；能手脚并用地移动玩具
精细运动技能	手紧紧握拳；不能抓握物品	手能张开，喜欢没有目的地挥手；能握住摇铃并摇晃；抓别人的衣服和头发；吮吸手指和拳头	用手能准确地抓取玩具，或塞到嘴里；会玩玩具；能用拇指和食指捡起小物件
语言技能	会哭；睡觉时会无意识地、短暂地笑	咿呀声，咯咯笑，能高声喊叫；能发出a、o、e等简单音节	能通过口型来改变声音；能发出更长、变化更多的声音；需求不同时发出的声调和音量都不同
情感和社交技能	能分辨父母和陌生人的声音；有眼神交流	能表现出高兴或伤心的情绪；可感染情绪，如父母不安时自己也会不安；会通过不同的哭声表达不同的需求；能用眼神交流，视线会跟着人移动，会仔细看人的脸	能用声音和身体语言反映心情，并留意造成的影响；能更好地模仿脸部表情；注视更专注，能举起双手要人抱；可能表达出对大人吃饭的兴趣
认知能力	哭着要吃奶、要抱；行为主要是反射动作，而非经过思考；开始学会信任	能通过笑、哭和身体语言来让别人有所反应；如果期望没有得到满足会抗议；学会因果关系，比如拍打玩具，玩具就会动	懂得人和物体有不同的名称；知道不同的声音和动作能得到不同的回应；会用更长的时间玩弄和研究玩具；不喜欢某种物品会用手推开

能力发展\月龄	第7~9个月	第10~12个月	第13~15个月
大运动技能	不用支撑就能坐直；身体能前倾抓玩具；能用手和膝盖爬行；能扶着东西慢慢站起来	熟练地两脚交替爬行，能从爬到坐；能爬上楼梯，但不会下楼梯；能扶着家具走动；能在别人的帮助下走路；自己走路时动作僵硬，容易跌倒	进入学步期，能独自走路，并尝试各种走路方式；能上下爬楼梯；想爬出婴儿车和高脚椅；有站起来就会去走的动作
精细运动技能	能用手指捡起玩具；能拍玩具，扔玩具；能用牙龈咀嚼食物；会抓着杯子手柄喝水	手指抓东西的能力更强，喜欢用手抓食物；能用食指指东西和戳东西；能改变手形来抓取不同形状的物体；能堆积木；出现惯用手	能使用叉子、勺；能自己吃饭，拿奶瓶；能打开柜子拿出里面的东西；能用手扔球；穿衣服时能配合大人的动作
语言技能	能随意组合声母和韵母（ha、ba、ma、mu）发声；能用舌头来改变发音	能说双音节的词，会叫妈妈、爸爸，而且能把这些词和特定的人或物联系起来	能说出4~6个简单的字词；能用语言表示拒绝；喜欢模仿动物的声音，如"汪汪"
情感和社交技能	对自己的名字有反应；能用手和胳膊招呼大人来玩；会举起双手表示"我要抱"	能挥手表示再见；和妈妈分开会开始表现出分离焦虑	会通过摆手和摇头表示拒绝；能通过指向和做手势表达需求或寻求帮助；理解并能做到简单的指示；看到好玩的场景会笑
认知能力	能通过关键词联想到形象和图片；面对陌生人会紧张；有"里面"和"外面"的概念	记得最近发生的事，记得玩具藏在哪儿；听到"妈妈来了"能想到妈妈，停止哭闹	能将熟悉的人、物和指代的词联系起来；开始学会对事物进行搭配，如给盒子盖盖子

能力发展\月龄	第16~18个月	第19~24个月	第25~36个月
大运动技能	能转圈、后退；走得更快；能小跑、跨大步走；在他人的帮助下能走上楼梯；会弯腰捡玩具；尝试爬出婴儿床；可以骑四轮小玩具车	喜欢跑跑跳跳；能向下看，避开脚边障碍物；踢球通常不会被绊倒；可能会爬出婴儿床；能独自上楼梯，但不能自己下；能开门	能独自上楼、独自下楼；能从一级台阶上往下跳；可以用脚尖或脚后跟走路；能立定跳远；可以两脚交替跳
精细运动技能	能胡乱画线条和半圆；能打开抽屉；能熟练地配合穿衣动作；能用整只胳膊的力量投球；能用小块食物蘸酱吃	能打开包装；能脱掉衣服；会自己洗手；能折纸，玩简单的拼图；可以手举过肩投球或扔东西；能一个人坐在桌子旁	可以将橡皮泥捏成简单的形状；可以自己扣简单点的衣扣；能用积木搭桥、搭塔
语言技能	能说出10~20个简单的词；能说简单的词语，如“再见”；懂得简单词的意义，如“上”“下”“热”“冷”	能说出20~50个简单的词；能说很简单的“电报句”，如“宝宝吃”；能说出人名；回答简单的问题；能哼歌	掌握基本语法，可以用简单的完整语句讲话；概括能力也在不断增强
情感和社交技能	喜欢跟大人玩捉迷藏，喜欢追逐；喜欢跟大人玩身体部位探索游戏，指出眼耳口鼻手等；跟着音乐跳舞	能自己开口说出需求；会发怒，并做出咬人、尖叫的行为	可以自己穿鞋；喜欢和大人玩踢足球游戏；喜欢和人进行言语交流；喜欢和小伙伴一起玩耍
认知能力	能对不同形状进行分类；会把圆形积木放进圆洞；分离焦虑减轻，脑海中能出现不在眼前的人的形象	在行动之前会先思考；能画圆、画线，能找出书中熟悉的图画；能排列简单的拼图；能理解大部分日常用语	听故事时能记住一些简单的故事情节；大人说“不好”“不对”时，可以停止做某件事；能连续执行3个简单的指令

不同的孩子有不同的成长模式

宝宝的成长既包括身体的成长，也包括能力的提高。

接受宝宝自己的生长节奏

父母平时应花些心思记下宝宝相关能力的发展程度。在某些特定阶段，看宝宝是否达到了一些成长目标，如走路。宝宝在达到这些成长目标时的速度可能并不一样，他（她）也许会在某一项“超前”，而另一项又“落后”。

父母应理解这些不同，毕竟每个小宝宝的成长模式都不尽相同，生存环境、家庭环境、健康和营养、遗传基因，甚至是一些小小的挫折都会影响到宝宝的成长和发育。

在宝宝出生的头几年，你可以自己做一个如上图的宝宝成长表，记录下宝宝在不同月龄或年龄学会的能力和技巧，宝宝的所思所想，以及宝宝的行为模式。这样，不仅能提高你的观察能力，还能给你们的共同成长增添很多乐趣。

不必争当“模范宝宝”

父母脑海中常常会有一个想象中的“模范宝宝”，这并没有错，但若总以此去督促和要求自己的孩子也要这样去做，可能并不合适。毕竟，孩子的成长总是有一个过程的。一味地以高标准要求孩子，不仅违背了孩子的成长规律，而且大人也容易焦虑不安，走入“死胡同”，最后结果往往适得其反。

父母应充分理解孩子的成长规律，放弃对孩子过高的期望，制订一个切实可行的、符合自己孩子实际能力的目标。孩子的成长总是与玩乐分不开的，在家庭生活中，父母应掌握一定的技巧，创造一个让其身心愉快的环境，科学合理地安排孩子的营养饮食和日常活动，让孩子快乐、健康地成长。

及时察觉孩子的发育障碍问题

当你了解了孩子的正常成长模式，那么你也更容易察觉孩子成长中的发育障碍问题。一般来说，宝宝如果出现了以下情况，父母就应引起警惕，及时带孩子就医。

- 吃奶困难，不会吸吮，容易吐奶。
- 3个月时对突然而来的巨响毫无反应。
- 4个月时还不会抬头。
- 6个月时无法注意到周围移动的人和物。

- 半岁后仍只知道玩手，对外界不感兴趣。
- 8个月还不会坐，1岁还不会爬。
- 9个月时不能伸手拿东西。
- 1岁时还不能理解1个动作的指示，如“把球丢过来”。

- 1岁以后还老淌口水，且持续时间长。
- 2岁还不会说话，不会走路。
- 3岁还不能说4~5个字的句子。
- 对周围的人和物缺乏兴趣。

- 表情呆滞。
- 常有张口、伸舌、磨牙等动作，经常无故尖叫。
- 动作、语言、行为明显落后于同龄儿。

……

当然，并不是说孩子出现这些问题就一定是出现了发育和感觉障碍。父母应注意不要过早给孩子贴上“智力障碍”的标签，但也不能忽略潜在的可治疗的成长问题，要在医生的指导下做一个纵观全局的、审慎的决定。

循序渐进帮助宝宝练习走路

宝宝学走路是一个循序渐进的过程。正常情况下，宝宝6个月左右时才会利落翻身，能自己稍微坐一会儿；7个月左右开始会爬行；8个月时爬行比较灵活；9~10个月时逐渐会站立，可以扶着东西走几步；到1岁左右才可以独立走路。当然，有的宝宝运动功能可能比以上规律会稍早或稍晚一些，只要偏差不大，都属于正常范围。

那么，家长应如何给宝宝进行练习，教宝宝逐步学会走路呢？

1 保证宝宝能在床上或柔软的垫子上自由地爬行，爬行时若有打软腿的情况，应继续练习。

2 会爬后，可以扶着宝宝开始练习站立，锻炼宝宝腿部肌肉的力量。

3 让宝宝试着向前移步。父母可以配合起来，如爸爸负责扶着宝宝，妈妈在前面逗宝宝。

4 训练宝宝向前迈步，可以用“移步”的方法逗引宝宝，也可以让宝宝扶着家具自己走。

5 尝试松开双手，让宝宝自己走路。

宝宝刚开始走路时可能会踉跄不稳，甚至跌倒，都是正常的，爸爸妈妈无须过分担心，只要注意保护好宝宝即可。有的家长喜欢给宝宝用学步车，觉得宝宝可以自由活动，也比较安全，大人还能有更多的时间做自己的事。学步车偶尔使用无妨，但不建议长期使用，以免影响宝宝骨骼的发育。如果宝宝到了 1 岁半还不会走路，家长应引起重视，及时带宝宝看医生。

手巧才能心灵——孩子精细动作训练

除了坐、爬、站之外，家长还应注意宝宝精细动作的训练。宝宝精细动作训练从出生就可以开始。新生宝宝有抓握反射，当我们把一个手指放在宝宝掌心时，宝宝就会自动握住手指。父母可常给宝宝做手部的抚触按摩，让宝宝的手掌自然张开。当宝宝3、4个月大时，会有意识地去抓喜欢的玩具，开始对自己的手脚感兴趣，爸爸妈妈可以协助宝宝调整姿势，伸手去抓取玩具。当宝宝已经可以熟练地拿玩具玩，敲、摇、扔玩具是每天都会上演的戏码。父母要做的就是陪宝宝玩，如搭积木、套环、戳洞洞、串珠子等。需要注意的是，如果宝宝吃辅食，喜欢用手抓，不要一味制止，而应给宝宝准备合适的手抓食物，一方面可以提高宝宝的进食兴趣，另一方面宝宝的抓握能力和口眼协调能力也会越来越精准。

语言启蒙应从出生时开始

婴幼儿期是宝宝语言启蒙的关键时期，而父母就是宝宝学习语言的第一任老师。给宝宝做语言启蒙，关键就是三个字：多沟通。利用一切可以利用的时间，陪伴宝宝，和宝宝说话，对宝宝的咿呀儿语给予积极的回应；同时，利用一切可以利用的工具，让宝宝感知周围的环境，引导宝宝产生表达和交流的欲望。

除此之外，抓住宝宝语言发育的几个关键阶段，给予适宜的指导，可以达到事半功倍的效果。比如，宝宝1~6个月大时应重点帮助宝宝学习发音，家长应经常面对面地和宝宝说话，语速要慢，口型要夸张，多重复，宝宝逐渐就会发出“啊”“呀”之类的简单音节。7~12个月是宝宝咿呀学语阶段，家长需要做的就是帮助宝宝认识周围事物，教宝宝把实物和名称一一对应起来。1~3岁是宝宝表达单词单句的阶段，家长需要做的就是教宝宝把一个个零散的单词练成简短的语句，帮助宝宝理解语句之间的逻辑关系。

为孩子营造良好的阅读环境

阅读能力是一个人未来从事各项工作必须具备的能力。宝宝通过阅读，不仅可以感受语言图画之美，还可以获取关于这个世界的各种知识，开阔视野，提高对事物的认知能力。宝宝的阅读要以他们的语言、感知和思维的发展为前提。

对于3岁以内的小宝宝而言，他们的生活经验有限，理解能力也不足，家长需要做的就是为他们提供合适的阅读环境和条件，陪宝宝一起阅读。让他们接触书和书面语言，培养对书和文字的兴趣，知道书要怎么拿，能够指认书上的物体，并通过引导、启发等互动方式，帮助宝宝理解图书内容，感受阅读的快乐。

培养孩子脆弱的专注力

宝宝的专注力是非常脆弱的，越小的宝宝，注意力集中时间越短。有研究显示，1岁的宝宝集中注意力的时间仅有3~5分钟，2岁的幼儿平均时长为7分钟，3岁为9分钟。所以，对于小宝宝，特别是3岁以前的宝宝，不能过分苛求他们保持很长时间的注意力，家长应保持平和的心态，科学地、慢慢地培养宝宝的专注力。

对于 1 岁以内的宝宝，他们的专注力多以无意识的注意为主，专注力的培养应重点放在宝宝的各种日常活动中，如喂食、玩耍等。可以给宝宝准备颜色鲜艳的摇铃、会变色并转动的陀螺，温柔地、慢慢地与宝宝说话，重复播放某一首儿歌等。1~3 岁的宝宝，家长除了继续给宝宝进行感官训练之外，还可用游戏培养孩子的专注力，如阅读图画书、搭积木、拼图、串珠等都是培养专注的好方法。当宝宝能听懂一些简单的指令时，可交给他（她）一些小任务，如“帮妈妈拿枕头”等；给宝宝讲故事时，可提出一些问题让他（她）回答或试着将故事复述出来。需要注意的是，在培养宝宝专注力的时候，家长一定要有足够的耐性，不能操之过急，训练难度也不宜太大，否则会让宝宝失去信心。

培养孩子独立思考的能力

任何一个有意义的构想和计划都是出自思考，思考可以支撑起人生。但独立思考的能力和敏感的思维不会生来就有，而是需要经过训练和培养的。每一位父母必须牢牢记住这一点，从小锻炼宝宝独立思考的能力。

适当放手

有些家长觉得孩子还小，于是把一切事情都安排得十分妥帖周到。慢慢地，当宝宝遇上困难，他们会不愿意思考，而是本能地指望父母的帮助。所以，家长教育孩子一定要把握好度，提供机会让孩子学会自己面对问题。

鼓励孩子表达

常常给孩子讲故事，陪孩子玩游戏，然后鼓励孩子表达自己的意见，这样对于锻炼孩子的逻辑思维能力和语言组织能力都是有帮助的，还能培养孩子的自信心。

表现出恰当的惊奇和赞叹

俗话说，孩子都是哄出来的。意思就是说要经常夸奖孩子，对孩子的新发现、新想法、新创意，都要表示出惊奇和赞叹，让孩子感觉受到肯定，于是愈发有动力。

保护好孩子的好奇心

好奇是孩子的天性，孩子的好奇心往往与他们的求知欲、学习兴趣和思维能力是联系在一起的。作为父母，你必须要好好面对“十万个为什么”，无论遇到什么问题，一旦被提出来，就要认真地回答，保护好孩子的好奇心。

给孩子创造思考的情境

父母不妨常给孩子讲故事，或带孩子一起逛博物馆、动物园，和孩子一起阅读、玩游戏，然后问孩子看到了什么，听到了什么，鼓励孩子表达自己的意见。注意，任何时候都要留给孩子自己思考的余地，给孩子提出自己想法的机会。

孩子成长过程中碰到的任何问题，都可以让他（她）自己先思考，如果不对或想不出，可以适当点拨，引导其思考，不可立即替他（她）回答或全盘说出。这样可以鼓励孩子独立思考，又不至于让他（她）觉得无依靠。

启发孩子的想象力与创造力

宝宝虽然没有爸爸妈妈那么多的知识和经验，但却可能更富有想象力和创造力。他们对周围的一切感到惊奇，他们的头脑就像一张纯洁的白纸，可以随意勾画出无数的图案，这就是想象力与创造力的开端。从小培养宝宝的想象力与创造力，对宝宝未来的成长十分重要。

要求宝宝独立思考

随着宝宝的成长，家长首先要学会逐渐放手，引导宝宝试着靠自己的智慧去独立解决力所能及的事。同时，鼓励宝宝去寻找问题的答案，不要把自己的答案强加给他们。

鼓励宝宝多观察、多实践、多与外界接触

宝宝对没有见到的事物无法展开想象，所以父母要经常把宝宝带到户外，让宝宝多观察和感受那些实实在在的东西，这样他们的思想也更容易被自然地引向创造之路。

不要抹杀宝宝的想象力

每个小宝宝都像小小科学家，努力地探索着这个世界的美丽和奇迹。然而，他们内心所感知的与他们亲眼见到的，有时候并不是完全吻合的。父母不应随意阻止或抹杀这种想象力，而应尽量走入宝宝的世界，陪他们一起感受，一起体验。

孩子基本生活技能的培养

亲身参与是孩子获得某种技能必不可少的过程。家长应适时给孩子安排一些力所能及的家务活动，如擦桌子、扫地、摆放物品、整理玩具、给花浇水等，并教孩子掌握一些基本的生活技能，如自己吃饭、洗脸、刷牙、穿脱鞋袜、大小便等。这样既能帮助练习孩子的运动和动手能力，还有助于培养孩子

的自立能力。

首先，家长应注意正确示范。除了要动作规范之外，还要强调工作的细节和完整的过程。比如擦桌子，家长应先在盆中盛入适量的水，引导孩子将抹布放入盆中浸湿，然后拧干，顺着一个方向动作均匀地仔细擦拭桌面；擦完后将用过的水倒掉，再盛一盆清水，清洗抹布，拧干后放在通风的地方。

其次，注意给孩子准备一些适合使用的工具，比如，小一些的笤帚、抹布，让他（她）可以跟在父母身后学着打扫、整理房间。孩子专门的个人用品，可以提升宝宝动手的兴趣，如孩子自己的小碗、毛巾、脸盆、牙刷等。

最后，对于孩子的劳动付出和个人行为，家长应给予鼓励。一段时间后，孩子就会掌握动作技巧，更加认真负责地对待自己担负的工作。家长千万不要觉得孩子还小，做不好这些事情，就不给孩子锻炼的机会。

孩子社会性行为的培养

家长应从小就培养孩子积极的社会性行为，包括在社会交往中所表现出来的礼仪、谦让、帮助、合作和共享等。这对培养孩子的语言技能、情感和社交技能、认知技能等都有帮助。

在点点滴滴的家庭生活中，家长一方面要创造机会适当引导孩子，同时，还应注意给孩子树立良好的榜样。在公共礼仪方面，家长应给孩子示范基本的礼貌规范，比如，进别人房间前应先敲门，打喷嚏时要将脸稍转向一旁，影响到别人时应真诚地说“对不起”，获得了别人的帮助应说“谢谢”，等等。在公共场所，家长要引导孩子与其他小朋友分享游乐设备，遵守公共秩序，爱护公共环境等。另外，家长还应注意帮助孩子树立与他人合作的意识和习惯，让孩子学会尊重他人等。久而久之，孩子会通过这些活动和行为，获得各种技能，逐步形成良好的品德和独立意识，形成健康、完整的人格。

专为宝宝准备的益智游戏

宝宝一出生便已具备了听觉、触觉以及记忆，随着宝宝的成长，爸爸妈妈可以对其进行相应的早期情智启蒙教育。益智游戏寓教于乐，是不可错失的一种教育方式，不仅有利于宝宝的身体发育，还能增强宝宝的动作、语言等方面的能力。

0~1个月 做个小小舞蹈家

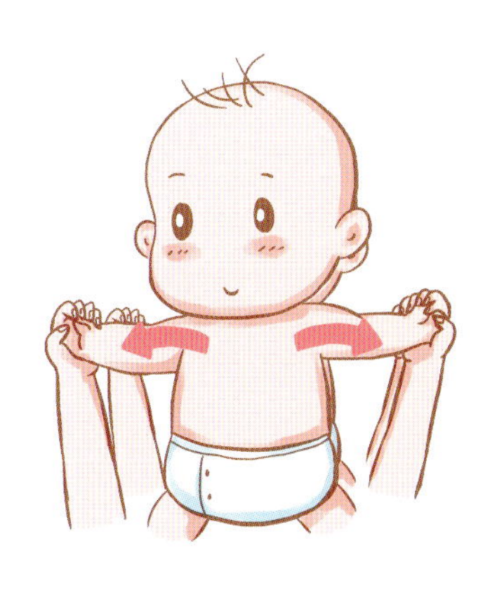

父母在帮助宝宝伸展手臂、腿脚时，不仅在当时活动了宝宝的躯体，而且鼓励了宝宝多多活动。

→ 游戏准备　让小宝宝平躺在床上。

→ 游戏过程　父母轻轻地拉住宝宝的腿将它左右摆。再将宝宝的手拉开再合拢。

→ 游戏指导　这一游戏可以在给宝宝换尿布、洗澡时做，一天几次，持续时间不能超过几分钟。做的时候注意保持室内的温度适宜。即使刚刚出生的宝宝也不能总是束缚着，应该适当给宝宝活动的机会，这样宝宝的运动智能才能更好、更快地发展。

1~2个月 空中飞人

在背景音乐的伴随下既可以培养宝宝的节奏感，又有助于宝宝专注力的提升，同时增强对父母的安全感以及信任感。

→ 游戏准备　播放节奏轻快的舞曲，怀抱宝宝，放松心情。

→ 游戏过程　家长抱着宝宝随四三拍的乐曲跳双人舞，前跨步、后跨步、旋转，把宝宝仰抱、竖抱或俯趴在妈妈的怀抱上。不断地变换姿势继续跳，还可以一边鼓励宝宝：“宝宝真棒。”

→ 游戏指导　做这个游戏时，家长跳舞的速度不要太快；游戏过程中要有停顿与休息。

2~3个月 观看美丽的图画

通过视觉分辨彩图，从而提高宝宝用脑的美感判断能力。

→ 游戏准备 在墙上挂3~4幅彩色图片。

→ 游戏过程 抱着宝宝观看挂着的彩图，一边看一边说图的名称，你会发现宝宝的视线长久落在其中一幅彩图上。每天重复1~2次，逐渐宝宝会对其中一幅显出特有的兴趣。1周后更换为另外的3~4幅彩图，宝宝观看时大人要说出图中的人或物的名称，每次词句要一致，渐渐宝宝会选出他（她）喜欢看的图画。

→ 游戏指导 这种图片要每周更换一组，到第4周将每次选出的喜欢的图片重新罗列展出，让宝宝在喜欢看的图片中选择最喜欢看的一幅。

3~4个月 和“红色”交朋友

让宝宝认识颜色，以发展宝宝形象思维能力。

→ 游戏准备 准备几件颜色不同的玩具或物品，其中包括几样红色的。

→ 游戏过程 放一件宝宝喜爱的红色玩具，如红色积木，反复告诉他（她）：“这块积木是红色的。”再拿出另一个红色的玩具，如红色瓶盖，告诉他（她）：“这也是红色的。”当宝宝表示疑惑时，父母再把红色的玩具都放在一起，告诉他（她）；“这边都是红色的，那边都不是。”

→ 游戏指导 一次只能教一种颜色，教会后要巩固一段时间再教第二种颜色。如果宝宝对父母用一个“红”字指认几种物品迷惑不解时，父母就要过几天另拿一件宝宝喜欢的玩具重新开始。颜色是比较抽象的概念，要给时间让宝宝慢慢理解，学会第一种颜色常需要3~4个月。

4~5个月 与宝宝一起“找”声音

训练宝宝辨别声音的来源和方向，让宝宝逐渐熟悉具体事物的声音，从而提高宝宝的声音记忆能力。

→ 游戏准备 一个拨浪鼓。较为安静的环境。

→ 游戏过程 妈妈抱着宝宝坐在固定位置，爸爸站在离宝宝背面约2米左右的位置。

爸爸开始轻轻摇拨浪鼓，每两声之间间隔约4秒。当宝宝会听着声音转动身体，寻找声音来源时，妈妈可以适当引导宝宝寻找。

→ 游戏指导　游戏宜选在宝宝进食一段时间后精力较为充沛时进行。注意声音不要太大，避免惊吓到宝宝。如果宝宝有疲倦厌烦的表情，立刻停止游戏。

5~6个月　寻宝小游戏

让小宝宝自己找寻玩具，训练宝宝的表象记忆和思维能力，从而达到开发宝宝大脑的作用。

→ 游戏准备　一些宝宝喜爱的玩具，如一条柔软的毛毯或一个小枕头。

→ 游戏过程　妈妈当着宝宝的面，将宝宝喜欢的玩具藏一部分在毛毯下，或是用枕头盖住。然后问宝宝："宝宝的小球球哪儿去了？"假装找一会儿后掀开毛毯说："原来在这里呀。"多重复几次后再将玩具藏在毛毯下，然后边发问边引导宝宝将毛毯掀开把玩具拿出来。

→ 游戏指导　控制游戏时间，不要让宝宝感到疲劳。

6~7个月　爬呀爬

训练宝宝的爬行能力，既开发了宝宝大脑的潜能，使左右脑协调发展，又锻炼了体力，还培养了宝宝的社交能力。

→ 游戏准备　一些会动的、有趣的玩具。

→ 游戏过程　刚开始训练爬行时，爸爸可先让宝宝俯卧趴下，仰起头，用手撑起身体，把宝宝的腿轻轻弯曲放在他（她）的肚子下。妈妈在宝宝前面放些会动的、有趣的玩具，如滚动的皮球、不倒翁、拨浪鼓、会唱歌的娃娃等，逗引宝宝向前爬。爸爸在宝宝后面用手在宝宝的臀部轻轻捅一下，或用手掌抵住宝宝的脚掌，鼓励宝宝向前爬。

→ 游戏指导　如果宝宝的上肢力量不足以支撑自己的身体，家长可用毛巾兜住宝宝的胸腹部。

7~8个月　猜一猜

通过猜一猜，训练宝宝的视力和反应能力，鼓励宝宝动手。

→ 游戏准备　宝宝感兴趣的玩具，如一颗小星星。

→ 游戏过程　当着宝宝的面，妈妈把一个宝宝感兴趣的小玩具放在手里。再张开手给宝宝看，跟宝宝说："宝宝最喜欢的星星哦。"然后握紧拳，并问："星星去哪儿啦？"使用另一只手重复上述动作和话语。几次后宝宝就会开始兴奋地扒找妈妈手中的东西。

→ 游戏指导　注意时间不要太长，以免宝宝失去兴趣。玩具不要有锋利的地方，以免划伤宝宝。

8~9个月　跟着音乐"摇摆"

让宝宝在动作配合中听简单的歌谣，可以培养宝宝的节奏感和对声音记忆能力，还能培养宝宝活泼开朗的性格。

→ 游戏准备　在家里播放节奏明快的乐曲或歌谣。

→ 游戏过程　妈妈把宝宝抱在膝盖上坐着，托住宝宝的背部，边有节奏地前后（左右）摇晃，边念歌谣。爸爸可以在一旁跟着音乐节奏跳舞，宝宝在这种氛围下会感到非常开心，身体会也会随着节奏开始扭动。

→ 游戏指导　平时可以多搜集些儿歌。玩游戏时注意不要让宝宝感到疲劳。

9~10个月　移动的玩具

此游戏可以训练宝宝的视觉，并通过上下左右转动头部来提高宝宝的视觉记忆能力。

→ 游戏准备　一个彩色的会发声的玩具。

→ 游戏过程　让宝宝靠在妈妈胸前，用玩具逗宝宝，上下左右移动玩具，宝宝的目光

会跟着玩具移动。妈妈可以在宝宝注视下，故意将玩具掉落在地上，同时说："呀，玩具落在地上了！"这时宝宝会随着玩具的落地声而上下左右移动小脑袋来找玩具。妈妈可以对宝宝说："哇，宝宝找到啦，真聪明！"

→ 游戏指导 妈妈移动玩具的动作不要太快，"掉下了……找到了"这样的动作可以重复进行。

10~11个月 拍一拍，敲一敲

通过模仿，让宝宝自己制造声音，加强宝宝对特定声音的印象，从而提高宝宝对声音的记忆能力。

→ 游戏准备 准备一个小铃鼓。

→ 游戏过程 妈妈用手或者用棍子敲打铃鼓，让宝宝听见响亮的"咚咚咚"的声音。然后轻轻抓着宝宝的小手，让宝宝自己用手拍打小鼓，或用棍子敲打。再放手让宝宝自己尝试，妈妈可以在旁边发出"咚"—"咚"—"咚"的有节奏的声音，宝宝也会跟着模仿。

→ 游戏指导 敲打时可以配上音乐，宝宝通过听音乐可以改进自己打鼓的技巧，促进手、眼、耳的互相协调。

11~12个月 跟着说，跟着做

让宝宝听指令做动作，可以提高宝宝的语言理解能力，锻炼宝宝的语言节奏感和动作协调能力，同时锻炼宝宝的社交能力。

→ 游戏准备 妈妈和宝宝相对而坐。

→ 游戏过程 妈妈边做动作边念儿歌，让宝宝也做同样的动作。儿歌歌词为："请你跟我这样做，我就跟你这样做，小手指一指，眼睛在哪里？眼睛在这里（用手指眼睛）""请你跟我这样做，我就跟你这样做，小手指一指，小手在哪里？小手在这里（用手摇两下）”依次认识五官和身体部位。练习几遍后，让宝宝说“我就跟你……”可以先和爸爸示范一下，妈妈说：“请你跟我伸伸手”，边说边做伸手动作；爸爸接着说：“我就跟你伸伸手”，同时做伸手动作。慢慢地引导宝宝自己做。

→ 游戏指导　当宝宝熟悉游戏形式后，爸爸妈妈可以加入更为多样化的动作，让孩子学说和学做“弯弯腰”“种种花”等短语。

1~2岁　采蘑菇的小宝宝

采蘑菇可以训练宝宝走和蹲的动作，从而提升宝宝的肢体协调能力，促进宝宝大运动发展。

→ 游戏准备　一个小提篮，一只玩具兔子，一些彩色硬纸剪成的小蘑菇。

→ 游戏过程　将蘑菇散落在地面，取出玩具小兔，跟宝宝说：“小兔子饿了，宝宝可以采点小蘑菇给兔子吃吗？”然后让宝宝提着小篮子拾蘑菇，再走回妈妈身边。

→ 游戏指导　家长可以和宝宝一起拾蘑菇，增加宝宝的兴趣。注意蘑菇不要放太多，不要让宝宝蹲太长时间；蘑菇也不要放得太集中，让宝宝采时可以四处找找，训练宝宝的观察力。

1~2岁　串珠游戏

串珠游戏可以锻炼孩子的手眼协调能力及手的灵活性，还能培养孩子的专注力，提升宝宝的逻辑思维能力。

→ 游戏准备　数个颜色、形状各异的大粒带孔珠子，一根稍粗的线或绳子。

→ 游戏过程　妈妈和宝宝一起把各种花色、大小的串珠归类，对应排好，数一数每种花色的串珠的个数。然后和宝宝一起开始串珠，妈妈可以跟宝宝说：“现在我们来进行串珠比赛，看谁串的项链又快又好看。”妈妈要故意串慢一点，让宝宝取胜。

→ 游戏指导　除了速度之外，串珠子还可以按颜色、形状、大小等来做间隔，妈妈应引导宝宝穿出不同类型的项链，并注意不要让宝宝误吞珠子。

2~3岁 买水果

和爸爸妈妈一起玩买水果游戏，可以提高宝宝的语言表达能力和认知思考能力。

→ 游戏准备 一些玩具水果或水果卡片，小提篮。

→ 游戏过程 妈妈当卖家将水果放在桌子上，让宝宝提着小篮子来买水果。然后让宝宝说出水果名称，说对了就可以让宝宝将这种水果放在篮子里，说的不对就买不到。如果有宝宝认不出的水果，妈妈可以当场教宝宝，直到宝宝学会后把所有水果买回去。当宝宝都知道了桌上水果的名称，可以让宝宝当卖家，妈妈来买水果，妈妈可以故意说错 1~2 种水果，看宝宝是否能听出来并纠正。

→ 游戏指导 买水果游戏可以在家做，也可以去超市实地演习。水果的种类可以不断变换，当宝宝买对了水果，要记得及时予以鼓励。

2~3岁 红绿灯

让宝宝了解基本的交通规则，如红灯停、绿灯行，并学会按信号动作，提高宝宝的社交技能和认知技能。

→ 游戏准备 自制红绿灯，玩具汽车，警察帽，长纸条。

→ 游戏过程 爸爸妈妈和宝宝一起共同布置场地：用纸条隔出车道、人行道、斑马线。然后让爸爸扮演交通警察，一手拿红灯，一手拿绿灯，妈妈扮行人，宝宝开玩具车当司机。红灯时停车，绿灯时行驶，行人和车辆如违反交通规则要纠正。到达终点后宝宝可以跟爸爸妈妈互换角色。

→ 游戏指导 可以边玩边唱儿歌：大马路，宽又宽，警察叔叔站中间，红灯亮了停一停，绿灯亮了向前行。

孩子的行为矫正与心理疏导

随着孩子慢慢长大，妈妈却发现他（她）不乖了。不让他（她）做的事情偏去做，一些小脾气、小性格也越来越明显，再也不是在妈妈怀里时候的样子。孩子小小的心里都在想些什么？怎么样才能让他（她）做乖孩子？别急，做好孩子的行为矫正和心理疏导工作，也是有法可循的。

从小培养孩子良好的行为与习惯

很多妈妈发现孩子的很多行为习惯自己并没有教，孩子自己就学会了。究其原因是因为这一时期的孩子，大部分的行为、习惯来源于模仿，往往还是不分对错的模仿。那怎样才能培养孩子良好的行为习惯？我们看看老观念如何说。

及时纠正孩子不良行为与习惯

孩子的行为来自于模仿，因为缺乏对对错的判断，可能会沾染不良的行为和习惯，如果一直秉承“孩子还小，大一点再管教”的心理，家长没有及时纠正，等到这种行为严重影响到孩子未来的发展再去纠正就为时已晚。因为不良的行为习惯跟随孩子越久就越难纠正，所以第一时间纠正错误就显得尤为重要，没有规矩不成方圆，把不良的行为习惯扼杀在摇篮里。

教育孩子，家长应以身作则

人们常说“榜样的力量是无穷的”，家长是孩子最亲密的人也是孩子最直接的影响源。家长不经意的行为、动作、习惯都被孩子看在眼中并去模仿。所以想要教育好孩子，家长最应该做的不是训斥、责罚而是以身作则，给孩子正确良好的引导。

不要对孩子过于严苛

慈母严父，在家庭中爸爸往往是严厉的一方，认为只有严格要求，孩子才能取得成就。其实过于严苛并不利于孩子的成长。严厉的指责甚至体罚，不仅会伤害到孩子的自尊心，造成孩子性格内向，严重的还会自暴自弃。这些对孩子的成长都非常不利。

多表扬和鼓励孩子

作为家长，你是否注意到自己对孩子的表扬过于吝啬？其实多一些赞扬的话语哪怕一个鼓励的眼神，都能让孩子更优秀一点。多一些表扬和鼓励吧，会让他（她）真正的进步和成长，能帮他（她）增强信心，远离消极情绪，成为更优秀的人。

新思想 做孩子的正能量家长

孩子是在家长的影子中长大的，而家长却往往忽视了自己一言一行对孩子带来的影响，当你回过头来时惊讶地发现孩子变成了“小号”自己。潜移默化中，好的坏的孩子都学会了。所以，请家长正视自己的影响力量，为了孩子做个正能量家长。

● 多给孩子进行正面教育

好多妈妈抱怨，明明告诉他（她）不要做的事情，孩子也答应了，可是过一会儿就忘了偏偏要做，越是制止越是来劲。原因其实在家长，是你的负面告诫起了消极作用。所以建议家长对孩子提出正面期许和要求，多进行正面教育。

● 用心倾听孩子的每一句话

当你还在头疼孩子为什么把自己说的话当耳旁风时，或许你该想想自己有没有认真倾听孩子说的每一句话。当孩子在跟你表达、交流的时候，作为家长的你都应该很用心、耐心地去倾听，而不是没听完就打断发表意见，也不能因为意见不统一就大声训斥孩子，这样不仅会让孩子不想跟你沟通，还会让孩子把家长的话当耳旁风。

● 让宝宝多做力所能及的事情

爱意的表达并不是视若珍宝般让孩子什么都不做，妈妈适当的放手会让孩子通过自身的摸索获得更多的认识。让孩子在不同的年龄段做些力所能及的事情，不仅锻炼了孩子的动手能力，培养良好的习惯，也会让他（她）在完成所做的事情后获得满足感。妈妈们“君子动口不动手”式的指导其实可以让孩子做得更好。

● 不要忽视宝宝的心理问题

为了给孩子提供良好的物质条件，很多家长会忙于工作，没有时间陪伴孩子更不会注意到孩子的心理问题。心理问题本身就是隐蔽的、潜伏的，不易被家长发现。只有重视孩子的心理问题并及时疏导，才不会让心理问题日积月累发展成为心理疾病，到那时再去治疗就麻烦了。

新老观念对对碰

从孩子的出生到慢慢长大，家庭重心的天平不自觉地向孩子那边倾斜，全家出动，慢慢地分歧也就产生了。除了在所难免的偶尔争吵，到底哪种是正确的做法？是老观念有帮助还是新思想更科学？怎样才能让孩子更好地成长，我们来看看专家有哪些建议。

孩子喜欢就行 PK 不能满足宝宝的所有要求

老观念：孩子嘛，哄他（她）高兴就行！一切以孩子喜欢就好，只要他（她）喜欢我就都能满足。这有什么错？自己的孩子当然是自己疼。

新思想：一味地满足孩子的要求只会让他（她）觉得是应该的，做家长的就必须满足他（她），会让他（她）更任性，这是坏毛病不能纵容，不能满足孩子的所有要求。

专家观点

一味地拒绝会伤害孩子的自尊心，盲目地满足也是溺爱的表现，拒绝和满足之间要把握好“度”。当拒绝孩子时不妨告诉他（她）拒绝的理由，让孩子自己思考是不是真的非得满足他（她）的要求不可，为什么要满足他（她）的要求等，进行积极的引导。这样可以帮助孩子培养自控力，慢慢培养他（她）自己的处事方法。

宝宝哭闹要立刻哄 PK 随他（她）哭一会儿就好了

老观念：孩子哭闹是在跟家长表达他（她）的需求没有满足或者哪里不舒服。当孩子哭闹时要立刻去哄，满足他（她）的需求或者查明哪里不舒服，这样他（她）自然就不哭了。

新思想：孩子一哭就哄，时间久了会让他（她）觉得只有哭才是解决问题的办法。让他（她）哭一会儿，等孩子心情平复了再去讲道理，他（她）才能听进去。

专家观点

哭闹，是孩子的特殊语言，是他（她）表达需求、情感的一种方式。一般来说，小宝宝的哭闹需要立刻去哄，看他（她）是不是困了、饿了，再进行安抚。当孩子能简单表达自己的意思之后，妈妈可以在保证孩子没有不舒服的前提下，不立刻去理会他（她）的哭闹，从而让他（她）学会控制自己的情绪，鼓励宝宝用正确的方式进行表达。

孩子摔了立马扶起来PK不是特别严重就自己起来

老观念： 孩子摔倒了要赶快扶起来，是出于对孩子的担心，害怕他（她）受伤，是出于本能，有什么不对的。

新思想： 如果孩子摔得不是特别严重，还是要鼓励孩子自己站起来。让他（她）养成克服困难的习惯，是为了孩子好。

专家观点

孩子走路摔倒在所难免，在不是很严重的情况下建议家长鼓励孩子自己站起来。当然，这并不是说不理睬孩子。家长一句激励的话，一个拥抱都能让孩子自己战胜困难，不会过度依赖父母。

孩子大了自然就乖了PK孩子错了就要说

老观念： 孩子现在太小了，正是调皮的时候，等他（她）长大了就好了。

新思想： 已经发现问题还任其发展下去最终只会害了孩子自己，所以发现错了就要把他（她）纠正过来。

专家观点

孩子的成长需要家长不断地引导，尤其是在幼年时期，想要让孩子健康成长，家长一定要抓住孩子幼年发展的关键时期。让孩子真正地成长起来，家长请不要用一句“长大就好了”来自欺欺人，更不要让孩子为了“长大就好了”这句话而付出沉痛的代价。

让孩子自己玩可以避免矛盾PK宝宝需要接触同伴

老观念： 孩子自己玩自己的，就没人跟他（她）抢玩具、抢吃的，能避免很多矛盾。

新思想： 孩子需要接触同伴这样才会锻炼他（她）的各种技能。自己玩，容易导致孩子性格孤僻、内向，是不可取的做法。

专家观点

孩子需要更多的同龄人朋友，虽然有时会出现矛盾，但在矛盾中孩子学会了如何自己化解，锻炼了孩子的沟通能力。更多的同伴也会让孩子的性格更开朗，结交朋友获得友谊，让孩子更快乐地成长。

教育孩子，爱与规则并行

“所谓父母与孩子一场，不过是你看着他（她）的背影越走越远。”我们终究无法陪伴孩子一生，终究有一天要目送他（她）远去。如果说有什么是我们能为他（她）做，并且让他（她）受益终身的事情，那就是给孩子我们全部的爱，并教会他（她）做人做事的规矩。

● 在爱的基础上“严格”教育孩子

著名教育家陶行知先生曾说：“爱是一种伟大的力量，没有爱就没有教育。”教育的最有效的手段就是“爱的教育”。不管我们以何种方式教育孩子，都应该以爱为基础，让孩子感受到爱，进而学习规则。

○ 让孩子感受到“爱”

如果要让孩子感受到被爱，作为父母要学习表达他们的独特爱语。每一个孩子都有他（她）自己感受爱的特有方式。基本上，小孩子如同所有的成人一样，会采用以下方式感受爱，如身体的接触、肯定的言词、精心的时刻、接受礼物及服务的行动。不管孩子主要使用的爱语是哪一种，他（她）都需要你无条件地通过一种特定的方式来表达，并让他们感受到。

无条件的爱是一种引导之光，它可以照亮黑暗，并使父母知道自己的情况与如何教养儿女。无条件的爱就是无论孩子的情况如何，都要爱他们。不管孩子长相、天资如何，有什么样的弱点或缺陷，也不管我们的期望如何，也不管孩子的表现如何，都要爱他们。这并不表示我们喜欢孩子的所有行为，而是意味着我们对孩子要永远给予并表示爱，即便他们行为不佳的时候。

○ 没有规则的爱是溺爱

父母爱孩子是一种天性，但如果爱得没有原则，会给孩子一个错觉：父母如此爱我，我要什么，他们都会答应，所以，无论如何，我的要求都是能够被满足的。日久天长，孩子就会滋生一种“以自我为中心”的心态，认为这个世界的中心就是自己，自己的愿望就一定要被满足，一旦不能达到，那么就会有一些极端的行为发生。最终还会影响孩子的正常发展。

真爱以孩子的成长需要为核心，在孩子不同的发展阶段给予他（她）不同方式的爱，教给孩子应该遵守的规则。

聪明教育孩子的5个关键

为人父母，我们总希望自己能用更轻松、有效的方式教育出优秀小孩。智慧型父母知道什么该做、什么不该做，也清楚教育的关键在哪儿。

少对孩子说“不行”“不可以”

孩子像个小小探险家，对一切都充满好奇，什么都想去尝一尝、摸一摸。而家长总是跟在他（她）后面说着一连串的“不”！别看这个“不”字简单，可要说得太多，或者说的方式不对，反而会增加孩子的逆反心理和亲子的冲突。

当我们想要禁止孩子的某种行为时，我们要把希望孩子做的事情和承担的责任以及不安全的因素告诉孩子，也要允许孩子有思考的空间。这样比责骂更能让孩子记住。不过，对2岁以下的孩子，禁止的话要简单果断，不要唠唠叨叨，因为他们对讲道理还不能理解。

另外，家长还可以用其他语言表达你希望他（她）做的事情，甚至是转移他（她）的注意力。比如，说“我相信你会做得更好”要比“你不听话，看吧，饭洒了一地”更能让孩子增加对你的信任。

当然，这也并非说家长不能对孩子说“不”。当孩子在做危险的事情、做超越规则的事情、威胁到自己或他人的安全、推卸责任时，要直接对孩子说“不”。

不要只盯着孩子的不足

每个孩子都有优点，也都有缺点，可是很多家长总是希望孩子能更优秀，这就导致他们过分关注孩子的缺点，并时常拿出来教育孩子，这个过程会给孩子的成长带来不利的影响。

孩子正处在生长发育阶段，很多东西还没有成型，可塑性非常强。更何况，谁都有犯错误的时候，更别说处在学习阶段的孩子了。作为父母，平时多肯定孩子，即使孩子有缺点或不足，多引导，少批评，多暗中纠正。尤其是孩子犯错误，不要当面大声呵斥，而是应该用正常的说话语气，告诉孩子该怎样做，还要告诉他（她）不那样做的影响和后果。但是发生了严重危害他人或者孩子自身安全的错误，则必须当面提出严厉批评，而且要求其复述一遍，以加强印象，以免发生严重后果。

不要总与别人的孩子做比较

很多父母习惯性地拿别人家的孩子与自家孩子做比较，认为别人家的孩子就是学习好、懂事、乖巧，然后用别人家孩子的优秀标准来要求自己的孩子，认为这样孩子才能够认识自己的不足，才能够进步。不管自己家的孩子多么努力，总会有一个别人家的孩子比自己家的孩子强。长久生活在“别人家的孩子”的阴影下的孩子，其自信心和自尊心受到了严重的打击和伤害，并且导致孩子产生自闭、孤僻等性格倾向，以及攀比、妒忌的心态，影响孩子正常的心理发展。

每个孩子都是独一无二的，他（她）有自己的长处，也会有自己的不足，作为家长，我们能做的就是正确地引导孩子，让孩子努力变得更优秀。家长如果看到孩子坚持不懈的精神和努力态度，并对其夸奖，那么孩子内心懂得自己的努力受到了肯定，将会对要做的事情更有信心，更利于孩子自信心的培养和正确价值观的养成。

此外，家长也不要经常责骂孩子，在外人面前指责孩子，或是在吃饭、起床时教育孩子，否则都会伤害孩子自尊，影响孩子心理健康。

○ 构建亲子之间的“信赖”关系

培养孩子，最重要的是用心去构筑亲子间的信赖关系。只有在教育孩子的时候，以一个朋友、平等的身份和他（她）相互信赖，建立真正的亲子关系，同时相互尊重对方的任何想法，这样，你在育儿的路途上才会事半功倍。

父母要重视亲子间的情感交流和分享，平时不妨多倾听孩子的内心世界及感受，多关心孩子的情绪变化，并和孩子分享自己的感受，以此拉近亲子间的距离。父母可每天抽出一些时间专门陪伴孩子，让孩子在安全和鼓励性的气氛下和你一同开怀游玩，例如通过角色扮演、故事分享、捉迷藏游戏、堆积木、拼图游戏等，加强亲子间的亲密接触。

○ 父母要接纳自己

父母是孩子的老师、榜样，并不意味着父母就应事事都要做得完美。第一次为人父母肯定有很多突然发生的事故，而这些也并非教科书中能找到答案的，需要父母不断探索和学习。父母需要理解接纳自己，理性地看待责任。

有些事情自己暂时做不到也正常，没有必要过于自责，不必要求当下就能做得完美。这样压力小了，精神不压抑，才有精力去反省、改变自己，去学习合理的育儿理念和方法，争取每天有一点进步。

给予孩子正面暗示的技巧

正面的夸奖在赏识教育普及的今天相信为人父母者都会，而恰如其分的暗示却会被我们忽视或者不经意间使用于与预期相反的方向。教育家苏霍姆林斯基说：“任何一种教育现象，孩子在其中越少感觉到教育者的意图，他的教育效果越大。”在孩子成长的道路上，作为家长并不能完全避免给孩子无数的暗示，那么不妨给孩子一些正能量的暗示。

眼神暗示

眼神是一种无声的语言，比语言能更细腻、更清晰地表达感情。眼神暗示就是用眼睛把要说的话、所要表示的态度暗示出来。

表情暗示

表情比眼神表现得更明确，人的表情能传达多种信息，比如肯定、同意、可以、不能、不该等等，形成刺激，使暗示对象做出反应。孩子做了好事，你对他（她）赞许地点一点头。孩子经过努力，解开了一道题，你对他（她）会心地笑笑，都是一种最好的激励。

言语暗示

既然是“暗示”，就是不用言语直接表态。当要表扬或批评时，而采取一种迂回的方法，用讲故事、打比喻、作比较等把自己的观点巧妙的“点”出来，让孩子心领神会，在一种柔和的气氛中接受教育。

动作暗示

动作暗示就是用体态语言把自己的想法表露出来，从而教育孩子。家长辅导孩子做作业时，发现孩子坐姿不正，可以面对孩子做几个挺胸的动作，并书写一两个字，让孩子接受这些暗号，他（她）就会学着做出反应。

孩子需要大人的爱与关注，特别是父母常常口头上赞许他（她）的好行为，或亲亲他（她）、拍拍他（她）、搂搂他（她），这些点点滴滴表达了对他（她）的感情和鼓励，从而建立他的自信。

培养孩子的自我约束力

自我约束力也叫自律、自控，这是源于自我教育、自我管理表现的一种能力。如果一个孩子缺乏明辨是非的能力和道德观念，不对自己的言行进行适当的约束，任性放纵，想干什么就干什么，就会导致孩子人格的偏离，影响自身的健康成长。作为父母，应该怎样培养孩子的自我约束能力呢？

首先，帮助孩子形成正确的是非观。即使孩子还小，也应让其明白哪些事能做，哪些事不能做；哪些行为对自己有利，对别人有害。通过生活中一些可感可知的事例，进行简单的判断与分析，让孩子知道为何要这样做而不那样做的道理。例如：午睡时，即使睡不着，也不可以发出声音，这样会影响别的小朋友；玩游戏时，为了游戏的顺利进行，必须遵守规则。

其次，制定规则。让孩子明白是非对错，便需要具体的规则来指导孩子的言行，如要求孩子按时睡觉、准时起床，按时吃饭，不偏食、挑食等。随着孩子年龄的增长，对他（她）的约束力培养着重于社会道德规范，如要求孩子在集体中要遵守集体规则和纪律，不可随心所欲等等。家长如长期坚持一贯的要求，不做无原则的迁就，孩子就会逐步学会约束自己。

最后，要贯彻执行规则。在制定规则时便与孩子说明为什么要这样做，这样做有什么好处，不这样做会造成什么后果。当孩子做得好时，莫忘记及时给予肯定，借此激活孩子潜在的荣誉感及孩子努力向上的愿望，有助于促进孩子养成良好的自我约束习惯；当孩子违反规定或有逆反心理时，理性对待孩子的行为，不能一味指责或惩罚。比如，有的孩子可能原本是准备帮助别人，但最后却造成了另一种结果，如果不明就里就对孩子指责，会造成他们情绪上的压抑，使他们的自我约束能力得不到健康发展。

营造良好的家庭氛围

家庭氛围，即我们常说的家风，是一个家庭中家庭成员之间的关系及其所营造出的人际交往情境和氛围。家庭风气是进行家庭教育的前提条件，它本身也是一种有效的教育方式。父母之间的关系、父母对孩子的情感、父母与他人的情感，都直接影响着孩子的成长，特别是影响到孩子对人与人之间各种角色扮演及相互关系的认同。

在家庭关系中，最基本的是夫妻关系。只有夫妻双方和睦、互相尊重，才能给孩子营造一个和谐、有爱的家庭，让这种爱感染孩子，使孩子快乐。

其次，教育孩子，必须重视亲子间的交流与互动。除一般的日常接触外，父母还应有目的地和孩子沟通交流，如安排家务劳动、重大决策征求或采纳孩子的合理建议、选择好书好节目和孩子一起看、耐心听孩子说说学校的事情、帮助他们面对挫折克服困难、亲子共同出游培养生活情趣丰富精神生活等等，使孩子时时意识到自己是家庭的一员，乐意与父母沟通。

此外，父母要不断提高自身素质，养成爱阅读的习惯。遇到挫折时，情绪稳定、积极乐观、对家庭有责任感、对孩子有信心，这样在无形中会给孩子形成积极的暗示。

孩子常见行为问题及应对

家长越是不要孩子做什么，他（她）反而做得越带劲，往往家长更是大发雷霆，结果却是大人心累，孩子也烦，问题并没有解决。遇到孩子表现出不良行为时，家长应试着把孩子情绪缓和下来，接着去了解这个不良行为是怎么产生的，是出于宝宝的认知还是对规则的不遵守。之后便是针对问题原因去解决了。下面列举了几种常见的不良行为，介绍其应对方法，供家长参考。

○ 正确对待孩子说谎

儿童心理学研究发现，几乎所有的儿童都会“说谎”，但孩子说谎并不一定都是不诚实的品质问题，孩子“说谎话”的种类繁多，想象谎话、愿望谎话、无知谎话、游戏谎话、辩解谎话、方便谎话、友情谎话、吸引注意力谎话、复仇谎话以及欺骗谎话，等等。他们大部分的谎言来自想象、愿望、游戏和无知，偶尔有出自辩解或引人注目的目的。无论哪一种都不属于真正的谎言，更不至于发展成性质恶劣的行为。

父母自己要做出好榜样，尽量避免不必要的谎话和借口。即使孩子说了谎，也要让他（她）明白你对他（她）的信任，你能理解他（她）的心情，并要与孩子一起商量，下一次遇到类似情况用哪些更好的办法代替说谎。避免立即在外人面前指责孩子或不明就里惩罚孩子。

○ 孩子不服管教怎么办

“不服管”的孩子，家长大都比较头疼。尤其是看着别的孩子听话乖巧，就更着急了，想尽办法让孩子成为“听话”的孩子，但结果往往是相反的。

作为家长，我们大多数情况下只看到了孩子的执拗、不听话，却很少反思孩子为什么会这样，是否家长平时没有做好示范？我们平时给孩子的关爱够吗？是否我们无视了孩子表面行为背后的真正需求？是否我们的沟通方式还欠科学？多了这层考虑，我们或许能真正理解孩子背后的需求，也能意识到自己的不足，而问题的解决，也会变得简单许多！

○ 矫正孩子的鲁莽行为

孩子们常会羡慕动画片中临危不惧、勇敢顽强的英雄，因此，有些孩子会模仿那些“英雄”的行为，做出一些不计后果的危险举动，也就是我们常说的鲁莽。作为父母，既希望孩子成为勇敢顽强、迎难而上的人，又不希望孩子做事鲁莽、不计后果。到底要怎么教育孩子呢？

首先，要让孩子分清楚什么是勇敢行为，什么是鲁莽行为。让孩子杜绝鲁莽行为，成为真正的勇敢者，父母就要承担起

教育和培养孩子勇敢精神的责任，教会孩子在面对困难与危险时一定要权衡利弊，懂得保护自己，使孩子成为一名沉着、有智慧的勇敢者。

○ 冷静处理孩子的暴力行为

当孩子行为受到限制、想引起爸妈注意、要睡觉、不想乖乖吃饭、想得到别人的东西时，由于不会表达或表达方式不对，往往会出现打人、摔东西等暴力行为。家长头疼，且担心这会影响宝宝日后的行为和性格。作为家长，我们能做的是以身作则，不以暴力处理问题，尤其是孩子犯错误时，不要纵容孩子的暴力行为，冷静处理孩子的暴力行为，可以让孩子自己在房间冷静一会，待情绪稳定之后再仔细说明为什么这样做是不对的，以及由此带来的后果。

之后，可与孩子一起约定规则，制定奖励与惩罚机制。以后遇到同样的情况，孩子做得好，便可得到好分数、奖励或某些特许。以积极热情的方式对孩子表现出的亲善行为予以鼓励。积极鼓励的态度会强化孩子的良好行为，使孩子表现出积极、关心的情感。而当孩子表现不好，就需要承担相应的惩罚。

○ 纠正孩子的不礼貌行为

孩子最早学习礼仪往往是从家里开始的，如果孩子有效仿的榜样，他们很快就能学会。因此，家长可以通过自己的言传身教培养孩子的礼貌行为。

如果发现孩子在礼貌方面问题比较多，你可以先在一张纸上把孩子在礼貌方面的问题逐一列出来，然后按照轻微到严重排序。之后，你就可以从轻微的问题开始着手训练孩子，一次解决一个问题。由于问题比较小，孩子容易接受家长的建议，改起来也会比较快。一个问题解决了之后，再着手解决下一个问题。

对于需要改变的问题，不能要求孩子在有限的时间段内彻底改变。孩子在成长的过程中对于缺点、问题是会有反复的，因此只要他（她）确实在进步，即使有几次反复，或者进步的速度比较慢，家长应该耐心等待，宽容地接纳。

● 孩子常见心理问题及应对

父母通常都希望自己的孩子聪明又健康，孩子的身体健康是家长们十分关心的，但家长们是否关心过孩子的心理健康？孩子的有些表现是家长难以控制的，比如说孩子拼命地哭闹，不停地动，或者坐在那里不理人等。其实，孩子的一些不良行为通常属于心理问题，家长应该正视孩子的心理问题，并通过科学的手段来帮助孩子纠正。

○ 区别对待孩子的小脾气

爱发脾气是孩子在 1 岁前后出现的现象，希望别人“那样”，自己想要“这样”的欲望过于强烈，而现实又无法满足，这时孩子幼稚的心便慌乱起来，在情绪上表现出不安定。因此，妈妈要了解 1 岁左右的孩子就是这个样子，在孩子想自己做的时候就让他（她）试着做一做。并且，当孩子因达不到自己的想象而又吵又闹时，大人要若无其事地应付过去。

除此之外，更多的时候，孩子表现在稍有不顺心就大发脾气，而且攻击性非常强。这时，父母就需要冷静处理，如果孩子大发脾气，可以在保证环境安全的前提下，将其隔离在比较单调的场所，冷静几分钟，同时要避免任何人去安抚他（她），这种冷处理的方式对暴怒的孩子比较有效果。除此之外，家长务必要自省，尽量不要在孩子面前树立坏榜样，尤其不要当着孩子的面争吵，并注意控制脾气。

○ 纠正孩子的独占欲

想纠正孩子的独占行为，家长要从小培养孩子与家人、与别人分享的观念，鼓励孩子和小朋友一起分享、玩耍。如果孩子把自己的东西分给其他小朋友时，家长要对这种分享行为表示赞许。另外，吃东西时可让孩子主动拿给爷爷奶奶、爸爸妈妈吃，让孩子懂得共同分享、礼让别人，防止孩子养成自己优先、自己独占的习惯。

○ 消除孩子嫉妒心理

一般来说，对孩子的嫉妒只要很好地教育引导，便可以变压力为动力，激发孩子发奋上进，养成健康的性格和良好的品德。对于好嫉妒的孩子，家长应采取心理疏通并辅之以思想教育来消除。对孩子的赞许、表扬既要实事求是，又要使孩子承认自己的成功之中，有周围伙伴的贡献和帮助。同时，要孩子看到自己的不足，以防止孩子骄傲自满，过高估计自己，藐视别的孩子。家长还要教育孩子心胸豁达，不斤斤计较，学会理解小伙伴，学会与小伙伴交流和沟通感情，增强与小伙伴团结共进的气氛。

○ 孩子过于害羞怎么办

认生是每个孩子都会经历的发展阶段，有些长大后自然会减低，有的则会持续一生。害羞，是孩子自我意识萌芽的表现，不必急于矫正，但如果害羞过头，父母就要找出问题所在，并积极解决。

如果孩子有过度害羞的表现时，父母应多鼓励孩子与人接触，并多让孩子有表现的机会，以赞美、鼓励来代替责骂，让宝宝觉得自己是被接纳、被喜爱的，让其在充满安全感的环境下，建立自我价值。

○ 帮孩子消除夜间恐惧

通常，孩子怕黑的情况都会发生在3岁之后，这个时期的孩子刚刚学会开始接触外界的事物并且慢慢地去理解。当对黑暗中的一切产生了不确定的感觉时，他（她）的安全感就会大大地降低，从而产生了怕黑的心理。

平时可以给宝宝选择一个熟悉或喜欢的玩偶来陪伴他（她）入睡；如果孩子夜间醒来，你可以通过用拥抱、轻抚来安抚孩子，然后等到孩子睡着之后，再把灯关掉。

孩子在 6 岁前往往还不能区分虚幻和现实，平常家长最好不要跟孩子讲有关妖魔鬼怪的故事，或者是看恐怖类型的电影。家长还可以多带着孩子去体验黑暗，或者也可以去创造一些愉快的回忆，比如月光下散步，以驱散孩子对黑暗的抵触心理。

○ 警惕儿童性角色畸形

1~3岁是孩子性别概念发展的关键期，家长应注重教导孩子，男孩与女孩性别角色上的差异。男孩应着男装，玩男孩玩的玩具，从小与男孩一起玩；反之，女孩亦然。父母千万不要出于自己的心愿而无视孩子的解剖性别，人为地为孩子选择性别。

如果孩子表现出异性特点，家长要注意：女性化男孩，往往缺少体育锻炼；男性化女孩，常常缺乏文艺爱好。家长应让“假姑娘”在运动场上驰骋拼搏，让他们懂得什么是竞争，什么是勇敢。让“假小子”能在唱歌、跳舞中追求女性的秀美、端庄、乖巧、细致。如果父母能与孩子共同参加这些文体活动，也许会获得更好的效果。

○ 改变不合群孩子

孩子不合群，父母要多多陪伴，多加引导。有时间带孩子去公园或亲朋好友家走走，积极创造条件让孩子与小伙伴一起玩耍，鼓励孩子与周围邻居、同学交朋友，鼓励孩子积极参加各种体育活动。大人不要总是在孩子身边，也不要叮嘱太多，甚至孩子们的争吵、哭闹等事也让他们自己去处理，家长尽量不要去干预。

让大宝与二宝和平共处

每个孩子都渴望得到爸爸妈妈全部的爱，这就给每个二孩家庭带来了一个棘手的问题：如何让大宝与二宝和平相处、相亲相爱。针对这一问题，下面列出了相应的解决办法，让新手爸妈也能轻松搞定大宝和二宝。

○ 在二宝到来前做好大宝的思想工作

孩子的心天生敏感，大宝几乎本能地就能判断出二宝的出生将对自己产生极大的影响。当大人在告诉大宝将要有个弟弟或妹妹的时候，一定要小心，最好秉承这样的态度：既不夸大好处，也不回避坏处，不轻易评判，以最真实的姿态面对大宝。最重要的是让大宝知道，即便以后有了弟弟、妹妹，爸爸妈妈还是一样地爱他（她）。

○ 引导大宝接受弟弟或妹妹

为了迎接二宝的到来，整个家庭都在做着各种准备，这时候可以让大宝一起来帮忙。虽然大宝可能帮不到什么，但只要大宝参与了准备工作，就能对二宝即将出生有着直观的感受，并且能让大宝更容易对二宝产生亲密感。在整个怀孕期间，有很多事情可以让大宝一起参加，如家人一起准备二宝的房间，与爸爸妈妈一起给二宝讲胎教故事……只要大宝有兴趣，尽可以放手让大宝参加，必要时加以引导就可以了。

○ 多让两个孩子相处

手足之情不是天生的，而是在日常生活中一点一滴地建立起来的。很多家长认为，将大宝和二宝分开，比如将其中一个孩子放在爷爷奶奶家照看，可以减少两个孩子之间的矛盾和冲突，其实不然。因为一旦把大宝和二宝分开，大宝就回到了独生子女的生活状态，他（她）会更加不适应二宝的存在。因此，对于二胎家庭来说，不管大宝和二宝之间的年龄相差有多大，家长都应多让两个孩子相处，不要隔断他们，给孩子创造更多的互动和交流机会，比如一起玩游戏、看书、吃东西等，同时，做好监督工作，保障两个孩子的安全。

○ 放手让孩子自己玩

当孩子长到一定的年龄可以自己玩耍的时候，爸爸妈妈就要适时放手让孩子们自己去

玩，尽量给他们自由的空间，不要做过多地干涉。如果他们之间发生一些小的摩擦和冲突，尽量以旁观者的姿态去对待，让他们学着自己处理问题，久而久之，就可以创造良好的兄弟姐妹关系，增进亲子感情，让大宝更加接受二宝了。

○ 赞美的艺术

有的父母不懂得赞美的艺术，常常通过比较来赞美孩子，如“姐姐真懂事！弟弟你就比姐姐调皮多了。”这样的赞美，很容易给另一个孩子带来伤害。没有人愿意当比较差的那一个，这样的赞美就是在破坏孩子之间的感情。家长赞美孩子的时候应该尽量发现两个孩子身上不同的闪光点。不过多、过度地就同一件事情当着两个孩子的面夸奖其中一个。

○ 不要比较孩子的优缺点

若家长将大宝和二宝的优点和缺点经常拿出来比较，只强调一个特质而忽视孩子的其他特点，对大宝和二宝都是打击。家长要知道，每一个孩子来到人世间都有着自己独特的一面，会成长为他们自己的样子，最好不要轻易在大宝和二宝之间作比较。积极发展孩子的自我价值观，教导他们形成自己的优点和个性，不轻易比较，是每一位父母必做的功课。

○ 给两个宝宝公平的爱

偏袒是影响家庭关系平衡的一个重要因素。很多时候，父母不经意地或习惯性地偏袒某一个孩子，比如偏袒年纪小的、体弱的或者性格内向的等，都会给另一个孩子造成不可避免的心理伤害，即使是细微的变化，他们也可以敏感地察觉到，而一旦孩子感觉到父母的偏向，只会加深两个孩子之间的矛盾。所以，为了两个孩子能和平共处，要求父母给两个孩子公平的爱，做到公平公正，而且要将这一原则贯穿两个孩子的整个成长过程。公平，指的是对待两个孩子的态度要平等，行为要一致。公正，指的是当两个孩子发生矛盾或者观点不一致时，要根据实际情况，客观中立地做出判断。

○ 鼓励孩子之间的良性竞争

心理学家阿德勒认为，追求优越的天然冲动，是儿童自我发展的重要动力。因此，适当的竞争有利于激发孩子自我成长的内在动力。作为父母，必须承认，一个家庭的资源并不是无限的，更不可能无差别地分配给两个孩子。父母的时间有限，经济能力有限，孩子所能获得的教育资源有限……有限的资源必然会导致竞争。当然，这样的竞争应该是良性的，不能为了竞争而竞争，让孩子为赢得竞争而变得野心勃勃或处心积虑。要做到这点并不容易，需要家长细致的引导。更重要的是，家长要教会孩子面对成功不骄傲，面对失败不气馁，通过竞争正确认识并发展自己。

孩子常见习惯问题及应对

随着孩子慢慢长大，家长们要细心地关注他们在日常生活中养成的一些习惯，因为有些习惯一旦养成就很难改正，而且影响深远，可能会伴随孩子一生。养成好的习惯对孩子的人生至关重要。

姿态

很多家长觉得孩子还小，站坐行跑用什么样的姿势都不要紧。其实，这些姿势恰恰是需要从小培养好的，否则就可能会影响体态发展。孩子正确的姿态应该是这样的：

→ 站姿　两肩保持水平，双臂自然下垂，上体保持正直，两脚自然分开，整个身体挺拔、向上。

→ 坐姿　头端正，脚放平，身体直立，稳定不乱晃。

→ 走姿　上体正直，双手在行进过程中自然地摆动，上、下肢动协调，步伐均匀，有精神。

→ 跑姿　上体稍向前倾，两手握拳，屈肘在体侧，能随身体的运动自然地前后摆动，跑步时用前脚掌着地，步伐均匀。

卫生习惯

卫生习惯对宝宝来说非常重要，让宝宝尽早养成良好的卫生习惯，可以使他（她）收获一个健康的体魄。首先要勤洗双手。宝宝天生好奇，喜欢这里摸摸那里碰碰，容易把外界的细菌和脏东西沾到自己手上，再用脏手揉眼睛、拿东西吃，这样就会带来疾病，所以要养成勤洗手的习惯。其次，要勤洗澡、勤换衣物。宝宝玩耍易流汗，夏季建议每天洗澡，其他季节需根据宝宝自身情况掌握。最后，还要早晚刷牙、洗脸。孩子2岁时，应用凉开水漱口，3~4岁让其饭后漱口，开始学刷牙，家长应该早晚各教一次。教会孩子刷牙时顺着牙缝上下刷，由内侧到外侧。

生活习惯

生活习惯良好的孩子，以后身体情况、个人发展、人际关系等都不会太差。孩子生活中有许许多多的习惯都需要家长好好培养。例如早睡早起，坚持锻炼，饮食健康、不吃垃圾食品，连续看电视不超过2小时，做事专心不开小差等，家长应从小培养，为孩子以后的健康发展奠定基础。